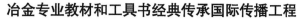

冶金专业教材和工具书经典传承国际传播工程

Project of the Inheritance and International Dissemination
of Classical Metallurgical Textbooks & Reference Books

普通高等教育"十四五"规划教材

冶金工业出版社

材料成型过程
传热原理与设备
（第 2 版）

李雪　夏垒　井玉安　李岩　编著

扫码查看本书资源

北　京

冶 金 工 业 出 版 社

2024

内 容 提 要

本书首先详细阐述了传导传热、对流传热和辐射传热三种基本传热方式、机理和相关定律等理论知识，在此基础上，重点介绍了金属的加热制度、加热工艺和加热缺陷，加热炉的基本结构，常见轧钢加热炉和热处理炉的结构组成、运行机理及其应用情况，加热炉的生产率和热效率等。

本书可作为高等院校材料成型及控制工程、材料加工工程、材料学等专业的教材，也可供相关企业的工程技术人员参考。

图书在版编目（CIP）数据

材料成型过程传热原理与设备／李雪等编著.
2 版 . -- 北京 ：冶金工业出版社，2024. 11. --（普通
高等教育"十四五"规划教材）. -- ISBN 978-7-5240
-0025-9

Ⅰ. TG155. 1

中国国家版本馆 CIP 数据核字第 202485LU36 号

材料成型过程传热原理与设备（第 2 版）

出版发行	冶金工业出版社	电　　话	（010）64027926
地　　址	北京市东城区嵩祝院北巷 39 号	邮　　编	100009
网　　址	www.mip1953.com	电子信箱	service@ mip1953.com

责任编辑　高　娜　美术编辑　吕欣童　版式设计　郑小利
责任校对　王永欣　责任印制　范天娇
三河市双峰印刷装订有限公司印刷
2012 年 8 月第 1 版，2024 年 11 月第 2 版，2024 年 11 月第 1 次印刷
787mm×1092mm　1/16；10 印张；237 千字；145 页
定价 39. 00 元

投稿电话　（010）64027932　投稿信箱　tougao@cnmip. com. cn
营销中心电话　（010）64044283
冶金工业出版社天猫旗舰店　yjgycbs. tmall. com
（本书如有印装质量问题，本社营销中心负责退换）

冶金专业教材和工具书
经典传承国际传播工程
总　　序

钢铁工业是国民经济的重要基础产业，为我国经济的持续快速增长和国防现代化建设提供了重要支撑，做出了卓越贡献。当前，新一轮科技革命和产业变革深入发展，中国经济已进入高质量发展新时代，中国钢铁工业也进入了高质量发展的新时代。

高质量发展关键在科技创新，科技创新离不开高素质人才。党的二十大报告指出："教育、科技、人才是全面建设社会主义现代化国家的基础性、战略性支撑。必须坚持科技是第一生产力、人才是第一资源、创新是第一动力，深入实施科教兴国战略、人才强国战略、创新驱动发展战略，开辟发展新领域新赛道，不断塑造发展新动能新优势。"加强人才队伍建设，培养和造就一大批高素质、高水平人才是钢铁行业未来发展的一项重要任务。

随着社会的发展和时代的进步，钢铁技术创新和产业变革的步伐也一直在加速，不断推出的新产品、新技术、新流程、新业态已经彻底改变了钢铁业的面貌。钢铁行业必须加强对科技进步、教育发展及人才成长的趋势研判、规律认识和需求把握，深化人才培养体制机制改革，进一步完善相应的条件支撑，持续增强"第一资源"的保障能力。中国钢铁工业协会《"十四五"钢铁行业人力资源规划指导意见》提出，要重视创新型、复合型人才培养，重视企业家培养，重视钢铁上下游复合型人才培养。同时要科学管理，丰富绩效体系，进一步优化人才成长环境，造就一支能够支撑未来钢铁行业高质量发展的人才队伍。

高素质人才来源于高水平的教育和培训，并在丰富多彩的创新实践中历练成长。以科技创新为第一动力的发展模式，需要科技人才保持知识的更新频率，站在钢铁发展新前沿去思考未来，系统性地将基础理论学习和应用实践学习体系相结合。要深入推进职普融通、产教融合、科教融汇，建立高等教育+职业教育+继续教育和培训一体化行业人才培养体制机制，及时把钢铁科技创新成果转化为钢铁从业人员的知识和技能。

一流的专业教材是高水平教育培训的基础，做好专业知识的传承传播是当代中国钢铁人的使命。20世纪80年代，冶金工业出版社在原冶金工业部的领导支持下，组织出版了一批优秀的专业教材和工具书，代表了当时冶金科技的水平，形成了比较完备的知识体系，成为一个时代的经典。但是由于多方面的原因，这些专业教材和工具书没能及时修订，导致内容陈旧，跟不上新时代的要求。反映钢铁科技最新进展和教育教学最新要求的新经典教材的缺失，已经成为当前钢铁专业人才培养最明显的短板和痛点。

为总结、提炼、传播最新冶金科技成果，完成行业知识传承传播的历史任务，推动钢铁强国、教育强国、人才强国建设，中国钢铁工业协会、中国金属学会、冶金工业出版社于2022年7月发起了"冶金专业教材和工具书经典传承国际传播工程"（简称"经典工程"），组织相关高校、钢铁企业、科研单位参加，计划用5年左右时间，分批次完成约300种教材和工具书的修订再版和新编，以及部分教材和工具书的对外翻译出版工作。2022年11月15日在东北大学召开了工程启动会，率先启动了高等教育和职业教育教材部分工作。

"经典工程"得到了东北大学、北京科技大学、河北工业职业技术大学、山东工业职业学院等高校，中国宝武钢铁集团有限公司、鞍钢集团有限公司、首钢集团有限公司、河钢集团有限公司、江苏沙钢集团有限公司、中信泰富特钢集团股份有限公司、湖南钢铁集团有限公司、包头钢铁（集团）有限责任公司、安阳钢铁集团有限责任公司、中国五矿集团公司、北京建龙重工集团有限公司、福建省三钢（集团）有限责任公司、陕西钢铁集团有限公司、酒泉钢铁（集团）有限责任公司、中冶赛迪集团有限公司、连平县昕隆实业有限公司等单位的大力支持和资助。在各冶金院校和相关钢铁企业积极参与支持下，工程相关工作正在稳步推进。

征程万里，重任千钧。做好专业科技图书的传承传播，正是钢铁行业落实习近平总书记给北京科技大学老教授回信的重要指示精神，培养更多钢筋铁骨高素质人才，铸就科技强国、制造强国钢铁脊梁的一项重要举措，既是我国钢铁产业国际化发展的内在要求，也有助于我国国际传播能力建设、打造文化软实力。

让我们以党的二十大精神为指引，以党的二十大精神为强大动力，善始善终，慎终如始，做好工程相关工作，完成行业知识传承传播的使命任务，支撑中国钢铁工业高质量发展，为世界钢铁工业发展做出应有的贡献。

中国钢铁工业协会党委书记、执行会长

2023 年 11 月

第 2 版前言

本书是在第 1 版的基础上广泛汲取相关学校和企业同行宝贵经验编写而成的，在编写过程中充分考虑了学校对学生的培养目标和毕业要求，以及钢厂生产实际情况。本书详细阐述了传导传热、对流传热和辐射传热的关键要点，以及金属加热工艺与设备等实践应用的重点知识。在章节安排方面，按照传热基本理论、加热工艺、加热设备，层层递进地引导初学者在短时间内全面地理解和掌握材料成型过程中所涉及的传热基础理论和实践应用。书内案例均来源于生产实际，能够帮助读者更好地理解和掌握材料成型过程传热原理及设备在实际工作中所需的知识和技能，更好地为相关专业的科研人员或工程技术人员提供参考。

在第 1 版的基础上，本书将加热炉和轧钢厂常见的热处理炉两章内容合并为一章，并且在各章中更新了图片和视频讲解，使得原本抽象复杂的传热原理与设备能够以更加直观、形象的方式呈现给读者，与文字内容相互补充，使本书内容更加立体、全面，帮助读者更好地理解和掌握关键要点。同时，为读者提供了多元化的学习方式，能够激发读者的学习兴趣，提升学习效果和质量。

本书还增加了传热学相关的国内外科学家及其主要贡献等延伸阅读知识，旨在拓展读者的知识面，从而更好地理解传热学的发展历程，为进一步学习和工程实践打下基础。同时，也有助于培养读者的科学素养和创新精神。

本书第 1 章、第 2 章由辽宁科技大学李雪编写，第 3 章由辽宁科技大学井玉安编写，第 4 章、第 5 章由辽宁科技大学夏垒和鞍钢股份有限公司技术中心李岩共同编写。

本书入选中国钢铁工业协会、中国金属学会和冶金工业出版社组织的"冶金专业教材和工具书经典传承国际传播工程"第二批立项教材。

本书在编写过程中，参考了有关文献资料，在此对文献作者表示感谢。

由于作者水平所限，书中不妥之处，敬请广大读者批评指正。

作　者
2024 年 7 月

第1版前言

本书是在汲取兄弟院校同行经验的基础上，根据专业性质和培养目标的要求编写而成的。传热是材料成型过程中一种重要的物理现象，它直接影响材料的成型过程和产品质量，本书紧紧围绕材料成型过程中的传热现象，简明扼要地阐述了材料成型过程中涉及的传热原理、加热工艺及所需的主要设备。作为本科教学用书，本书在内容上力求简明扼要、重点突出，在章节安排上注重条理清晰，以便初学者在短时间内快速掌握材料加工过程中所涉及的传热基本理论和实践知识。

全书共6章，主要包括基础理论和实践应用两大部分内容，其中基础理论部分主要包括传导传热、对流换热和辐射换热三个章节，实践应用部分主要包括金属的加热工艺、加热炉和轧钢厂常见的热处理炉三个章节。

本书主要供材料加工专业的本科生教学使用，也可作为相关专业的研究生和从事材料加工工作的技术人员参考。

本书第1章、第4章、第5章、第6章由辽宁科技大学井玉安编写，第2章和第3章由北京科技大学宋仁伯编写，辽宁科技大学艾新港老师参加了部分章节的编写工作，谢安国教授和李胜利教授对本书的编写提出了宝贵建议，在此表示衷心的感谢。

由于作者水平所限，书中不妥之处，敬请广大读者批评指正。

作　者
2012 年 4 月

目　　录

绪　　论

　　传热学是研究热量传递规律的一门科学。不同物体或同一物体不同部位之间，只要有温度差存在，就会有热量传递现象发生，自然界的物体之间普遍存在温度差，所以传热是很普遍的自然现象。

　　传热学理论需要解决两类实际问题：一类是着眼于传热速率及其控制问题，包括如何增强传热过程、提高生产能力、缩小设备尺寸，以及如何削弱传热过程、避免散热损失；另一类是着眼于温度分布及其控制问题。

　　传热是一种复杂的物理现象，为研究问题方便，根据传热物理本质不同，人们将传热过程分为三种基本方式：传导传热、对流传热和辐射传热。

　　传导传热也称热传导或导热，是指温度不同的两个物体相互接触或同一物体的不同部位存在温差时，在没有质点相对位移的情况下，依靠分子、原子或自由电子等微观粒子的热运动所引起的热量传递现象。传导传热在固体、液体和气体中都可能发生：在导电固体中，主要依靠大量自由电子在晶格间的运动传递热量；在非导电固体中，主要依靠晶格结构中原子、分子在其平衡位置附近振动所形成的弹性波的作用传递热量；在气体中，主要靠气体分子热运动扩散和碰撞传递热量。液体导热机制既有弹性波的作用，也有分子的热运动扩散和碰撞作用。一般来说，固体中的热量传递主要靠传导传热，而液体和气体通常会因为内部温差的作用造成流体流动，热量传递过程中常常伴随有对流现象，所以，液体和气体中的热量传递常称为对流传热。传导传热需要解决通过固体的传热量及固体内部温度分布两类问题。

　　对流传热也称热对流或对流，是由于流体各部分发生相对位移而引起的热量传递现象。当流体流过固体表面时，如果二者之间存在温度差，也会发生热量传递现象，称为对流传热。对流过程中伴随有导热现象，流体既是载热体，又是导热体，所以对流传热是流动条件下的导热。对流传热需要解决的问题是流体和固体之间的传热量问题。

　　辐射传热也称热辐射或辐射，是以电磁波为载体传递热量的过程。辐射与传导、对流有本质的区别，传导和对流需要物体之间相互接触，而辐射以电磁波为载体进行热量传递，不需要任何中间介质，真空中也能进行热量传递。在辐射传热过程中，不仅有能量的转移，而且伴随着能量形式的转化，即物体向外辐射热量时，热能转变成电磁能，物体吸收热量时，电磁能又转变成热能蓄积在物体内部。辐射是一切物体固有的特性，只要物体的温度高于绝对零度，物体就会不断地向外辐射能量，辐射传热是物体之间相互辐射和吸收的过程，最终结果是低温物体得到热量，高温物体失去热量。辐射传热需要解决的问题是物体之间的辐射传热量问题。

　　实际上，在传热过程中很少有单一的传热方式存在，绝大多数情况下是两种或三种传热方式同时存在。例如，钢坯在炉膛内的加热就包含传导、对流和辐射三种传热方式，高温炉气会以对流和辐射方式向钢坯表面传热，高温炉壁会以辐射方式向钢坯表面传热，热量被钢坯表面质点吸收后，以传导传热的方式传给内部各质点，使钢坯内能增加，温度升高。所以，工程上的传热现象几乎都是两种或三种传热方式的复杂组合，对这类复杂传热过程，有时也把它当作一个整体看待，称为综合传热。

1 传 导 传 热

1.1 导热理论基础

1.1.1 温度场与温度梯度

一个物理场是指该物理量在一段时间内，在一定空间上的综合分布情况。温度场是某一瞬间物体内部各点温度分布的综合情况，在直角坐标系中，用数学表达式可以表示为 $t = f(x, y, z, \tau)$，t 为温度，x、y、z 分别为直接坐标系的三个方向坐标，τ 为时间。

如果温度场内任意一点温度都不随时间而变化，那么称这种温度场为稳定温度场，此时温度只是空间坐标的函数，与时间无关。如果温度场内各点温度都随时间变化，则称这种温度场为不稳定温度场，此时温度既是空间坐标的函数，也是时间的函数。稳定温度场内发生的导热现象称为稳定态导热，不稳定温度场内发生的导热现象称为不稳定态导热。

温度场—
导热分类
（视频）

此外，温度分布可以是三个坐标的函数，也可以是两个坐标或一个坐标的函数，即温度场可以是三维、二维或一维的。因此，就有一维、二维、三维稳定温度场与不稳定温度场的概念，以及一维、二维、三维稳定态导热与不稳定态导热的概念。

在传热学中，人们把物体内温度相同的各点连接起来所形成的空间曲面称为等温面，如图 1-1 所示。等温面与平面相交所得到的一簇曲线称为等温线。等温面（线）有下述特性：等温面（线）上的温度都相等，温度不同的等温面（线）不会相交，只有穿过等温面（线）的方向才能观察到温度变化，最显著的温度变化是沿等温面（线）的法线方向。

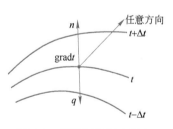

图 1-1　等温面及温度梯度

温度差与沿等温面法线方向两等温面之间距离的比值的极限称为温度梯度（temperature gradient），用公式表示为：

$$\mathrm{grad}\, t = \lim_{\Delta x \to 0}\left(\frac{\Delta t}{\Delta x}\right) = \frac{\partial t}{\partial x} \tag{1-1}$$

等温面—
温度梯度
（视频）

温度梯度是沿等温面法向的矢量，是温度沿等温面法线方向的变化率，模是方向导数的最大值，方向朝着温度升高一面，由低温指向高温，如图 1-1 所示。所以热量传播方向与温度梯度方向相反，温度梯度是热量传递的动力。

1.1.2 导热基本定律

1822 年，法国数学家傅里叶对导热数据和实践经验的提炼，将导热规律总结为傅里叶导热定律，即在纯导热现象中，单位时间内通过给定面积的热量正比于该处的温度梯度及垂直于导热方向的截面面积。数学表达式为：

$$Q = -\lambda \frac{\partial t}{\partial x} A \tag{1-2}$$

式中，Q 为热量，W；λ 为导热系数，W/(m·℃)；负号表示热量传导方向与温度梯度方向相反；A 为垂直于导热方向的截面面积，m^2。

单位时间内通过单位面积的热量称为热流密度（q，W/m^2），用公式表示为：

$$q = \frac{Q}{A} = -\lambda \frac{\partial t}{\partial x} \tag{1-3}$$

由傅里叶导热定律可知，导热系数是在单位温度梯度作用下，物体内所允许的热流密度值，它表示物体导热能力的大小。

导热系数
（视频）

导热系数是物质的一种物性参数，由物质自身性质所决定，对同一种物质，它又受到物质的结构（主要是密度和孔隙度）、温度、压力和湿度等参数的影响，各种物质的导热系数都是通过实验方法测定的。

各种物质中金属的导热系数最大，纯金属中加入任何杂质都会降低导热系数。耐火材料和绝热材料的导热系数一般都比较小，在 0.023 ~ 2.91 W/(m·℃) 范围内，导热系数小于 0.23 W/(m·℃) 的材料常用于热绝缘，称为绝热材料，因为导热系数小，常用于砌筑加热炉炉体。但有些情况下，也要求耐火材料具有良好的导热性能，例如马弗炉上的马弗罩和罩式退火炉内罩用材料等都希望导热系数越大越好。

金属液体的导热系数一般都较高，非金属液体的导热系数一般为 0.07 ~ 0.7 W/(m·℃)。其中，水的导热系数最大，30 ℃时水的 $\lambda = 0.62$ W/(m·℃)。除水和甘油外，绝大多数液体的导热系数随温度升高而略有减小。一般来说，溶液的导热系数低于纯液体的导热系数。

气体的导热系数一般比固体的导热系数小，为 0.006 ~ 0.6 W/(m·℃)。因此，固体材料中如果存有大量的气孔，导热系数会大大降低，多数筑炉材料具有很低的导热系数就是因为其中含有大量的气孔。

很多材料的导热系数都是随温度而变化的，变化的规律也很复杂，但在工程计算中为了应用方便，通常近似地认为导热系数与温度呈线性关系，即：

$$\lambda_t = \lambda_0 + bt \tag{1-4}$$

式中，λ_t 为 t ℃时材料的导热系数；λ_0 为 0 ℃时材料的导热系数；b 为温度系数，视不同材料由实验确定。

1.1.3 导热微分方程

傅里叶导热定律只能求解一维导热问题，对多维导热问题，需以傅里叶导热定律和能量守恒定律为基础建立导热微分方程，再根据具体的定解条件（单值条件）对微分方程进行求解，得到理论上的解析解，但很多情况下也只是近似解。

1.1.3.1　导热微分方程的推导

假设发生导热现象的物体是均质连续各向同性物体，物性参数 λ、ρ（密度）、c（比热容）均为常数，忽略因温度引起的体积变化；若物体内有内热源，内热源均匀分布。

如图 1-2 所示，在物体内任取一微元体，各边长度分别为 dx、dy、dz，微小时间内微元体的热量平衡关系如下，在微小时间段 $d\tau$ 内，沿 x 轴方向从左侧进入微元体的热量由傅里叶导热定律得：

$$dQ_x = -\lambda\frac{\partial t}{\partial x}dydzd\tau$$

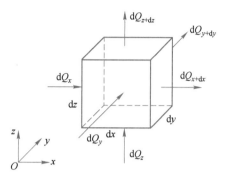

图 1-2　微元体的导热

此时，微元体右侧面产生的温度增量为 $\frac{\partial t}{\partial x}dx$，右侧面的温度为 $t + \frac{\partial t}{\partial x}dx$，则通过右侧面导出微元体的热量为：

$$dQ_{x+dx} = -\lambda\frac{\partial}{\partial x}\left(t + \frac{\partial t}{\partial x}dx\right)dydzd\tau = -\lambda\frac{\partial t}{\partial x}dydzd\tau - \lambda\frac{\partial^2 t}{\partial x^2}dxdydzd\tau$$

同理，在 $d\tau$ 时间内，沿 y 轴方向从前面导入微元体的热量为：

$$dQ_y = -\lambda\frac{\partial t}{\partial y}dxdzd\tau$$

在 $d\tau$ 时间内，沿 y 轴方向从后面导出微元体的热量为：

$$dQ_{y+dy} = -\lambda\frac{\partial}{\partial y}\left(t + \frac{\partial t}{\partial y}dy\right)dxdzd\tau = -\lambda\frac{\partial t}{\partial y}dxdzd\tau - \lambda\frac{\partial^2 t}{\partial y^2}dxdydzd\tau$$

在 $d\tau$ 时间内，沿 z 轴方向从下面导入微元体的热量为：

$$dQ_z = -\lambda\frac{\partial t}{\partial z}dxdyd\tau$$

在 $d\tau$ 时间内，沿 z 轴方向从上面导出微元体的热量为：

$$dQ_{z+dz} = -\lambda\frac{\partial}{\partial z}\left(t + \frac{\partial t}{\partial z}dz\right)dxdyd\tau = -\lambda\frac{\partial t}{\partial z}dxdyd\tau - \lambda\frac{\partial^2 t}{\partial z^2}dxdydzd\tau$$

另设内热源产生的热量为：$\dot{Q}dxdydzd\tau$；物体内能增量为：$\rho c dxdydz\frac{\partial t}{\partial \tau}d\tau$。

当物体处于不稳定态导热或有内热源时，由能量守恒定律可知：
导入微元体的热量+内热源产生的热量＝导出微元体的热量+微元体内能的增量
即：

$$dQ_x + dQ_y + dQ_z + \dot{Q}dxdydzd\tau = dQ_{x+dx} + dQ_{y+dy} + dQ_{z+dz} + \rho c dxdydz\frac{\partial t}{\partial \tau}d\tau$$

将上述各项代入上式得：

$$\frac{\partial t}{\partial \tau} = \frac{\lambda}{\rho c}\left(\frac{\partial^2 t}{\partial x^2} + \frac{\partial^2 t}{\partial y^2} + \frac{\partial^2 t}{\partial z^2}\right) + \frac{\dot{Q}}{\rho c} \tag{1-5}$$

式中，$\dfrac{\lambda}{\rho c}$ 为导温系数（热扩散系数或热扩散率），用 a 表示，m^2/s，它表示物体在加热或冷却时内部热量传播的快慢程度，a 值越大，物体越容易被加热或冷却。

式（1-5）为考虑内热源时固体的三维不稳定态导热微分方程，它描述了导热现象发生时，固体内各点温度随时间的变化情况，即固体内温度场的变化，此式也称傅里叶导热微分方程。

1.1.3.2 导热微分方程简化

如果传热过程中不考虑内热源变化，则 $\dfrac{\dot{Q}}{\rho c}=0$，式（1-5）简化为：

$$\frac{\partial t}{\partial \tau}=\frac{\lambda}{\rho c}\left(\frac{\partial^2 t}{\partial x^2}+\frac{\partial^2 t}{\partial y^2}+\frac{\partial^2 t}{\partial z^2}\right) \tag{1-6}$$

式（1-6）为不考虑内热源时固体的不稳定态导热微分方程式。

当物体内发生三维稳定态导热时，由于 $\dfrac{\partial t}{\partial \tau}=0$，式（1-6）简化为：

$$\frac{\partial^2 t}{\partial x^2}+\frac{\partial^2 t}{\partial y^2}+\frac{\partial^2 t}{\partial z^2}=0 \tag{1-7}$$

当热量传递只沿 x 方向进行时，对于不稳定态导热，式（1-6）简化为一维不稳定态导热微分方程：

$$\frac{\partial t}{\partial \tau}=\frac{\lambda}{\rho c}\frac{\partial^2 t}{\partial x^2} \tag{1-8}$$

当热量传递只沿一个方向进行时，对于稳定态导热，式（1-8）又简化为一维稳定态导热微分方程，即傅里叶导热定律所表达的内容。

1.1.3.3 导热微分方程扩展

当物体的物性参数随温度产生变化时，即物体的物性参数不是常数，如 $\lambda = f(t)$，则微分方程（1-5）表示为：

$$\frac{\partial t}{\partial \tau}=\frac{1}{\rho c}\left[\frac{\partial}{\partial x}\left(\lambda\frac{\partial t}{\partial x}\right)+\frac{\partial}{\partial y}\left(\lambda\frac{\partial t}{\partial y}\right)+\frac{\partial}{\partial z}\left(\lambda\frac{\partial t}{\partial z}\right)\right]+\frac{\dot{Q}}{\rho c} \tag{1-9}$$

对流体导热的情况，微分方程（1-5）左边可用全微分代替，即：

$$\frac{\mathrm{d}t}{\mathrm{d}\tau}=\frac{\partial t}{\partial \tau}+\frac{\partial t}{\partial x}\frac{\partial x}{\partial \tau}+\frac{\partial t}{\partial y}\frac{\partial y}{\partial \tau}+\frac{\partial t}{\partial z}\frac{\partial z}{\partial \tau}=\frac{\partial t}{\partial \tau}+w_x\frac{\partial t}{\partial x}+w_y\frac{\partial t}{\partial y}+w_z\frac{\partial t}{\partial z}$$

代入微分方程（1-5）得：

$$\frac{\partial t}{\partial \tau}+w_x\frac{\partial t}{\partial x}+w_y\frac{\partial t}{\partial y}+w_z\frac{\partial t}{\partial z}=\frac{\lambda}{\rho c}\left(\frac{\partial^2 t}{\partial x^2}+\frac{\partial^2 t}{\partial y^2}+\frac{\partial^2 t}{\partial z^2}\right)+\frac{\dot{Q}}{\rho c} \tag{1-10}$$

式中，$\dfrac{\partial t}{\partial \tau}$ 为温度随时间的变化；$w_x\dfrac{\partial t}{\partial x}+w_y\dfrac{\partial t}{\partial y}+w_z\dfrac{\partial t}{\partial z}$ 为温度随空间位置的变化。

式（1-10）可描述流体内部的导热现象，它确定了流体在流动过程中的不稳定温度场。

上述各式均为直角坐标系下物体的导热微分方程，在某些情况下（如棒线材的导热），使用圆柱坐标系下的微分方程求解温度场更为方便，对圆柱坐标系，利用坐标变换（$x=r\cos\theta$，$y=r\sin\theta$，$z=z$），可得圆柱体的导热微分方程为：

$$\frac{\partial t}{\partial \tau} = \frac{\lambda}{\rho c}\left(\frac{\partial^2 t}{\partial r^2} + \frac{1}{r}\frac{\partial t}{\partial r} + \frac{1}{r^2}\frac{\partial^2 t}{\partial \theta^2} + \frac{\partial^2 t}{\partial z^2}\right) + \frac{\dot{Q}}{\rho c} \tag{1-11}$$

在一维导热（只沿半径方向）且无内热源情况下，式（1-11）简化为：

$$\frac{\partial t}{\partial \tau} = \frac{\lambda}{\rho c}\left(\frac{\partial^2 t}{\partial r^2} + \frac{1}{r}\frac{\partial t}{\partial r}\right) \tag{1-12}$$

1.1.3.4　导热过程的单值条件

导热微分方程是描述导热过程的通用微分表达式，适合所有导热现象的导热过程，但它只表示了物体内部各点温度之间的内在联系，不能给出一个具体导热过程的温度表达式。由于每一个具体导热过程总是在某一特定的具体条件下发生的，这种特定的具体条件将每一个具体的导热过程相互区别开来。因此，要求解一个具体的导热过程，就必须寻找出相应的定解条件，即导热现象的单值条件。在导热过程中，常见的单值条件包括：物理条件、几何条件、时间条件、边界条件。

导热过程的
单值条件
（视频）

（1）物理条件，表征参与导热物体的物理特征，即参与导热物体的物性参数。

（2）几何条件，表征参与导热物体的几何形状和尺寸，根据几何条件可以判定物体的导热属于三维、二维还是一维导热问题。

（3）时间条件（初始条件），即导热现象开始时刻物体内的温度分布情况，对随后进行的导热过程影响很大。最简单的时间条件是导热现象开始时刻物体内的温度均匀分布，即 $t|_{\tau=0}=t$。

（4）边界条件，指加热或冷却过程中物体表面的温度分布情况或表面与周围介质之间的热交换关系，即系统与外界相接触的边界上的换热情况，传热学中常见的边界条件可归纳为三类。

1）第一类边界条件，给出物体表面温度随时间的变化，即：

$$t_\text{表} = f(\tau)$$

物体表面温度随时间的变化规律多种多样，其中比较典型的情况有以下两种：

①在加热过程中，物体表面温度为常数（C）。即加热开始后，表面温度瞬时达到所需的温度，并在整个加热过程中保持不变。例如钢块盐浴淬火、铅浴淬火等。

$$t_\text{表} = C$$

②在加热过程中，物体表面温度随时间线性变化，例如钢坯在连续加热炉内加热段进行加热时，表面温度随时间可以认为是线性变化，即：

$$t_\text{表} = t_0 + C\tau$$

式中，C 为加热或冷却速度，℃/h；τ 为加热或冷却时间，h。

2）第二类边界条件，给出加热过程中通过物体表面热流密度随时间的变化规律，即：

$$q_\text{表} = f(\tau) \quad \text{或} \quad -\lambda\frac{\partial t}{\partial n} = f(\tau)$$

式中，n 为表面的法线方向。

热流密度随时间的变化规律很多，最简单的一种情况是加热过程中通过物体表面的热流密度不随时间变化，例如钢坯在连续加热炉内的预热和加热就属于这种情况。

$$q_{表} = C$$

3）第三类边界条件，给出周围介质温度随时间的变化规律或物体表面与周围介质之间热交换规律，即：

$$t_{炉} = f(\tau) \quad 或 \quad -\lambda \frac{\partial t}{\partial n} = \alpha_{\Sigma}(t_{炉} - t_{表})$$

式中，$t_{炉}$ 为周围介质或炉气温度；α_{Σ} 为物体与周围介质之间的综合传热系数。

最简单的情况是在加热过程中周围介质温度不随时间变化，例如物体在恒温炉中的加热，即：

$$t_{炉} = C$$

上述单值条件与微分方程联立求解，可得到具体导热问题的解析解，此类问题将在 1.3 节进行讲解。

 **延伸阅读**

传热学科学家——傅里叶

让·巴普蒂斯·约瑟夫·傅里叶（Baron Jean Baptiste Joseph Fourier）是法国数学家和物理学家，生于 1768 年 3 月 21 日，卒于 1830 年 5 月 16 日。他在数学和热力学领域的贡献被认为是卓越的，尤其以傅里叶级数和傅里叶变换而闻名。

1. 热力学方面的贡献

傅里叶对热力学的研究是他生涯中的一个重要方面。他提出了傅里叶定律，描述了热量传导的规律，这对于理解热的传播和工程应用具有重要意义。他的研究奠定了热力学的基础，对于现代能源领域的发展有着深远的影响。

傅里叶在研究热传导方程时，提出了傅里叶级数的概念。他认为任何周期性函数都可以用一系列正弦和余弦函数的和来表示，这个思想被称为傅里叶级数展开。这一发现对数学、物理学和工程学等领域的发展产生了深远的影响，成为解析函数的重要工具。

2. 力学方面的贡献

傅里叶级数的引入不仅在热传导方程中有应用，还在力学领域具有重要作用。他的工作帮助理解了振动系统，将振动问题转化为简单的正弦和余弦函数的组合，从而简化了对振动现象的描述和分析。傅里叶在分析学、微积分和数论方面的广泛知识为他在力学领域的贡献提供了坚实基础。他的数学才能使他能够推导出许多力学问题的解，并对分析力学的发展产生了积极影响。

1.2　一维稳定态传导传热

稳定态传导传热包含一维、二维和三维问题，由于采用解析法求解二维和三维问题比较复杂，而采用数值解法简单实用（数值解法将在 1.4 节阐述），故本节主要针对一维稳定态传导传热问题进行解析。求解一维稳定态传导传热问题的基础是傅里叶导热定律，在给出必要的边界条件后，再对其进行积分可得到特解。

1.2.1 单层平壁的导热

图 1-3 是一单层平壁（长度和宽度均大于厚度的 10 倍，即无限大平板），壁厚为 s，壁的两侧保持均匀一定的温度 t_1 和 t_2，$t_1 > t_2$，材料导热系数为 λ，并设 λ 不随温度而变化。

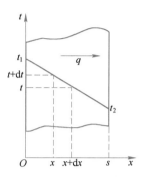

图 1-3　单层平壁的导热

现在研究通过此平壁传导的热流量 Q 以及平壁内的温度分布情况，即 $t = f(x)$ 的具体表达式。

分析可知，平壁的温度场属于一维稳定态传导传热，只沿垂直于壁面的 x 轴方向有温度变化。

在距离左侧壁面 x 处以两等温面为界取微小薄层 dx，则对应温度差为 dt，由傅里叶导热定律可知，单位时间内通过此薄层的热流密度为 $q = -\lambda \dfrac{dt}{dx}$，分离变量后得 $dt = -\dfrac{q}{\lambda} dx$。

边界条件：$x = 0$ 时，$t = t_1$，或记为 $t|_{x=0} = t_1$

$\qquad\qquad x = s$ 时，$t = t_2$，或记为 $t|_{x=s} = t_2$

由于 λ 为常数，稳定态导热时热流密度不变，故上式积分可得：

$$\int_{t_1}^{t_2} dt = -\int_0^s \frac{q}{\lambda} dx$$

$$t_1 - t_2 = \frac{q}{\lambda} s$$

经过整理以后，得到通过平壁的稳定态导热公式为：

$$q = \frac{\lambda}{s}(t_1 - t_2) \quad \text{或记为} \quad q = \frac{t_1 - t_2}{\dfrac{s}{\lambda}} = \frac{t_1 - t_2}{R_\lambda} \qquad (1\text{-}13)$$

式中，$R_\lambda = \dfrac{s}{\lambda}$ 为热阻；式（1-13）与电学中的欧姆定律相似，如将热流 q 比作电流 I，则温差 $t_1 - t_2$ 就相当于电压，可以称为温压，此时 R_λ 的意义相当于电阻。

在时间 τ 内通过平壁面积 A 的总热流为：

$$Q = \frac{\lambda}{s}(t_1 - t_2)\tau A \qquad (1\text{-}14)$$

若对上述积分式从 $t_1 \to t$ 积分，则有 $\displaystyle\int_{t_1}^{t} dt = -\int_0^x \frac{q}{\lambda} dx$，可得到：

$$t = t_1 - \frac{q}{\lambda}x \quad \text{或} \quad t = t_1 - \frac{(t_1 - t_2)x}{s} \quad \text{或} \quad \frac{t_1 - t}{t_1 - t_2} = \frac{x}{s} \qquad (1\text{-}15)$$

此式说明在一维稳定态导热中，导热系数为常数时，平壁内温度差之比等于平壁厚度之比，即温度沿平壁厚度呈线性分布。

1.2.2 多层平壁的导热

在工程计算中，常常遇到由几层不同材料组成的多层平壁，例如加热炉炉墙内衬为耐火材料，中间层为保温材料，外层为钢板。在讨论多层平壁导热时，需假设各层平壁间紧密接触，如果各层之间接触不够紧密会产生接触热阻。

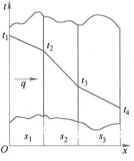

图 1-4 表示一个由三层不同材料组成的无限大平壁（平壁的长度和宽度大于厚度的 10 倍）。设各层厚度分别为 s_1、s_2、s_3，导热系数均为常数，分别为 λ_1、λ_2、λ_3，两侧的温度分别为 t_1、t_4，且 $t_1 > t_4$。由于各层之间接触紧密，没有附加热阻，可用 t_2、t_3 表示界面温度。在稳定态导热情况下，通过各层平壁的热流密度都是相等的，由单层平壁导热计算式（1-13）得：

图 1-4　多层平壁的导热

$$
\left.\begin{aligned}
q &= \frac{\lambda_1}{s_1}(t_1 - t_2) \\
q &= \frac{\lambda_2}{s_2}(t_2 - t_3) \\
q &= \frac{\lambda_3}{s_3}(t_3 - t_4)
\end{aligned}\right\}
\quad 或 \quad
\left.\begin{aligned}
t_1 - t_2 &= q\frac{s_1}{\lambda_1} \\
t_2 - t_3 &= q\frac{s_2}{\lambda_2} \\
t_3 - t_4 &= q\frac{s_3}{\lambda_3}
\end{aligned}\right\}
\tag{1-16}
$$

将以上各式相加得到：

$$
t_1 - t_4 = q\left(\frac{s_1}{\lambda_1} + \frac{s_2}{\lambda_2} + \frac{s_3}{\lambda_3}\right)
\tag{1-17}
$$

由此得到通过多层平壁的热流密度为：

$$
q = \frac{t_1 - t_4}{\dfrac{s_1}{\lambda_1} + \dfrac{s_2}{\lambda_2} + \dfrac{s_3}{\lambda_3}}
\quad 或 \quad
q = \frac{t_1 - t_{n+1}}{\displaystyle\sum_{i=1}^{n} \frac{s_i}{\lambda_i}}
\tag{1-18}
$$

式中，$t_1 - t_{n+1}$ 为 n 层平壁的总温差；$\displaystyle\sum_{i=1}^{n} \frac{s_i}{\lambda_i}$ 为 n 层平壁的总热阻，它说明 n 层平壁的总热阻等于各串联平壁分热阻之和。

由于每一层中的温度分布都是线性的，所以整个多层平壁中的温度分布是由每一层中的直线段组成的折线。

工程计算中往往还需要知道层与层之间界面的温度，求出 q 后代入式（1-16）即可得到 t_2 和 t_3 的值：

$$
t_2 = t_1 - q\frac{s_1}{\lambda_1}
\tag{1-19}
$$

$$
t_3 = t_2 - q\frac{s_2}{\lambda_2} = t_1 - q\left(\frac{s_1}{\lambda_1} + \frac{s_2}{\lambda_2}\right)
\tag{1-20}
$$

1.2.3 单层圆筒壁的导热

制冷空调中的制冷剂管路、水管路等长度远远大于管壁厚度。在计算热流量时，可以忽略沿轴向的温度变化，而仅考虑沿径向产生的温度变化。在稳定工况下，管壁内外温度可看成是均匀的，即温度场是轴对称的，属于一维稳定态导热。

对于不设保温层的光管，其导热过程可看作单层圆筒壁的一维稳定态导热。图 1-5 所示为一单层圆筒壁，内外半径分别为 r_1 和 r_2（内外直径分别为 d_1 和 d_2），长度为 l，导热系数为常数 λ。圆筒内外壁分别保持均匀不变的温度 t_1 和 t_2，且 $t_1 > t_2$。在圆筒壁内半径为 r 处取厚度为 dr 的环形薄层，稳定态导热情况下，通过长度为 l 的圆筒壁的导热量是恒定的。根据傅里叶导热定律，单位时间通过这一环形薄层的热流量为：

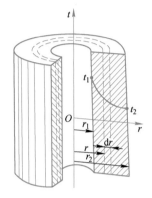

图 1-5　单层圆筒壁的导热

$$Q = -\lambda \frac{\mathrm{d}t}{\mathrm{d}r}A = -\lambda \frac{\mathrm{d}t}{\mathrm{d}r}2\pi rl$$

分离变量后得：

$$\mathrm{d}t = -\frac{Q}{2\pi\lambda l}\frac{\mathrm{d}r}{r}$$

根据所给边界条件进行积分：

$$\int_{t_1}^{t_2}\mathrm{d}t = -\frac{Q}{2\pi\lambda l}\int_{r_1}^{r_2}\frac{\mathrm{d}r}{r}$$

$$t_2 - t_1 = -\frac{Q}{2\pi\lambda l}(\ln r_2 - \ln r_1)$$

整理后得到单层圆筒壁的导热量公式：

$$Q = \frac{2\pi\lambda l}{\ln\dfrac{r_2}{r_1}}(t_1 - t_2) = \frac{2\pi\lambda l}{\ln\dfrac{d_2}{d_1}}(t_1 - t_2) \tag{1-21}$$

1.2.4 多层圆筒壁的导热

空调工程中的冷却水系统输水管道大多是由钢管、隔热层、隔汽层和保护层等组成的多层圆筒壁，此时需计算通过圆筒壁的导热量。其处理方法与多层平壁的处理方法相似，运用串联热阻叠加的原理，即可得到多层圆筒壁的导热计算公式：

$$Q = \frac{t_1 - t_{n+1}}{\displaystyle\sum_{i=1}^{n}\frac{1}{2\pi\lambda_i l}\ln\frac{d_{i+1}}{d_1}} \tag{1-22}$$

例题 1-1　一连续加热炉炉墙由内层黏土砖和外层硅藻土砖砌成，厚度分别为 230 mm 和 115 mm，炉墙内表面温度为 1100 ℃，外表面温度为 100 ℃，求通过炉墙的热流密度及夹层温度。已知黏土砖 $\lambda_1 = 0.7 + 0.00058\bar{t}$，硅藻土砖 $\lambda_2 = 0.0395 + 0.00019\bar{t}$。

解：先估计夹层温度为 900 ℃，则：

$$\lambda_1 = 0.7 + 0.00058 \times (1100 + 900)/2 = 1.28(\text{W}/(\text{m} \cdot \text{℃}))$$

$$\lambda_2 = 0.0395 + 0.00019 \times (900 + 100)/2 = 0.135(\text{W}/(\text{m} \cdot \text{℃}))$$

$$q = \frac{t_1 - t_3}{\dfrac{s_1}{\lambda_1} + \dfrac{s_3}{\lambda_3}} = \frac{1100 - 100}{\dfrac{0.23}{1.28} + \dfrac{0.115}{0.135}} = 969(\text{W}/\text{m}^2)$$

夹层温度：

$$t_2 = t_1 - \frac{s_1}{\lambda_1}q = 1100 - \frac{0.23}{1.28} \times 969 = 926(\text{℃})$$

计算得到的 $t_2 = 926$ ℃与原假设 900 ℃接近，作为粗略计算就可以了，如需更高精度可重复上述步骤计算，直至 t_2 接近要求的精度。

1.3　不稳定态传导传热

物体温度随时间而变化的导热过程称不稳定态导热。如发动机在启动、停机及变动工况时，部件温度会发生急剧变化；金属锭坯在加热和冷却时，金属零件在退火和淬火时，内部温度都会发生显著变化，这些过程都属于不稳定态导热过程。求解不稳定态导热的主要任务是确定物体内部温度随时间变化的规律，或确定其内部温度达到指定值时所需时间。求解不稳定态导热问题的方法有数学分析法、数值解法和实验法，本节主要介绍数学分析法，它是数值解法的基础。

数学分析法的实质是求解某一具体单值条件下导热微分方程的特解。前已述及，考虑内热源时固体的三维不稳定态导热微分方程可采用式（1-5）表达，忽略内热源时可采用式（1-6）表达，1.1.3 节也给出了导热过程的单值条件。由于求解三维导热十分复杂，本节将给出一维不稳定态导热微分方程（1-8）在三类边界条件下的解析式，并根据解析式对导热问题进行具体分析。

1.3.1　第一类边界条件下的加热

给出物体表面温度随时间变化的规律，$t_表 = f(\tau)$。根据单值条件不同可分为多种情况，其中根据物体内初始温度和表面温度随时间变化规律的不同分三种典型情况：

（1）表面恒温加热，$t_表|_{x = \pm s} = C$，$t|_{\tau = 0} = t_0$，例如金属零件的盐浴淬火、铅浴淬火等；

（2）表面恒温均热，$t_表|_{x = \pm s} = C$，$t|_{\tau = 0} = t_0 + \Delta t_0 \left(\dfrac{x}{s}\right)^2$，例如钢坯在连续加热炉内的均热；

（3）等速加热，$t_表|_{x = \pm s} = t_0 + C\tau$，$t|_{\tau = 0} = t_0$，例如钢坯在连续加热炉加热段内的加热。

鉴于求解微分方程的复杂性，此处只给出简单情况（表面恒温加热）的求解过程，其他情况（包括第二类和第三类边界条件）只给出微分方程的特解，并对特解进行说明。

1.3.1.1　表面恒温加热

如图 1-6 所示，无限大平板内发生一维不稳定态导热，假设平板厚度为 $2s$，平板物性参数均为常数（分别用 a、λ 表示导温系数和导热系数），以平板厚度方向为横坐标，以平板中心为原点，以温度 t 为纵坐标，则有：

初始条件，$t|_{\tau=0}=t_0$；

边界条件，$x=\pm s$（双面对称加热，透热深度为 s），$t_{表}|_{x=\pm s}=t_b$。

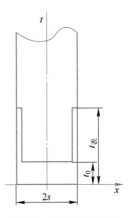

图 1-6　表面恒温加热

在上述单值条件下，微分方程 $\dfrac{\partial t}{\partial \tau}=\dfrac{\lambda}{\rho c}\dfrac{\partial^2 t}{\partial x^2}$ 的解法如下。

令 $\theta=(t_b-t)/(t_b-t_0)$，$Fo=a\tau/s^2$，$X=x/s$，则一维不稳定态导热微分方程式变为：$\dfrac{\partial \theta}{\partial Fo}=\dfrac{\partial^2 \theta}{\partial X^2}$，解的形式应为：

$$\theta=f(X,Fo) \tag{1-23}$$

相应的单值条件变化为：

$$\begin{cases} 几何条件 -1 \leqslant X \leqslant 1 \\ 初始条件 Fo=0,\ \theta(X,0)=1 \\ 边界条件 Fo>0,\ \theta(\pm 1,Fo)=0 \end{cases}$$

由于方程的解是 X 与 Fo 的函数，且二者相互独立，故可将 θ 写成 $\theta=CG(X)H(Fo)$，将此式代入式（1-23），整理得到：

$$\frac{H'(Fo)}{H(Fo)}=\frac{G''(X)}{G(X)} \tag{1-24}$$

式（1-24）左边仅是 Fo 的函数，右边是 X 的函数，且彼此相等，故均等于一个常数，因此，可得到：

$$\frac{H'(Fo)}{H(Fo)}=C \tag{1-25}$$

$$\frac{G''(X)}{G(X)}=C \tag{1-26}$$

式（1-25）积分得：$H(Fo)=C'e^{-CFo}$

式（1-26）积分得：$G(X)=C'_1\cos(\sqrt{C}X)+C'_2\sin(\sqrt{C}X)$

由此得到不稳定态导热微分方程的解为：

$$\theta=H(Fo)G(X)=\left[C_1\sin(\sqrt{C}X)+C_2\cos(\sqrt{C}X)\right]e^{-CFo} \tag{1-27}$$

下面根据单值条件确定解式（1-27）中的常数 C_1、C_2、C。

A　根据几何条件

对称加热时，平板中心 $X=0$，此处温度梯度等于零，即 $\dfrac{\partial\theta(0,Fo)}{\partial X}=0$，亦即：

$$\lim_{x \to 0} \frac{\partial \theta(X, Fo)}{\partial X} = \lim_{x \to 0} \left[C_1 \sqrt{C} \cos(\sqrt{C} X) - C_2 \sqrt{C} \sin(\sqrt{C} X) \right] e^{-CFo} = 0$$

即 $C_1 \sqrt{C} e^{-CFo} = 0$，由于加热过程中 $\sqrt{C}$ 及 e^{-CFo} 均不为零，所以 $C_1 = 0$，因此，微分方程式的解变为：

$$\theta(X, Fo) = C_2 \cos(\sqrt{C} X) e^{-CFo} \tag{1-28}$$

B 根据边界条件

当 $X = 1$ 时，$\theta = 0$，则有 $\theta(1, Fo) = C_2 \cos\sqrt{C} e^{-CFo} = 0$。

若存在非零解，则 $C_2 \neq 0$，$e^{-CFo} \neq 0$，因此有 $\cos\sqrt{C} = 0$，则有 $\sqrt{C} = \dfrac{\pi}{2}$、$\dfrac{3\pi}{2}$、$\dfrac{5\pi}{2}$、$\cdots$、$\dfrac{2n-1}{2}\pi$，根据微分方程解的叠加性，则有：

$$\theta(X, Fo) = \sum_{n=1}^{\infty} C_n \cos\left(\frac{2n-1}{2}\pi X\right) e^{-\left(\frac{2n-1}{2}\pi\right)^2 Fo} \tag{1-29}$$

C 根据初始条件

当 $Fo = 0$ 时，式 (1-29) 变为：

$$\theta(X, 0) = \sum_{n=1}^{\infty} C_n \cos\left(\frac{2n-1}{2}\pi X\right)$$

两侧同时乘以 $\cos\left(\dfrac{2m-1}{2}\pi X\right)\mathrm{d}X$，并积分，得到：

$$\int_{-1}^{1} \theta(X, 0) \cos\left(\frac{2m-1}{2}\pi X\right)\mathrm{d}X = \sum \int_{-1}^{1} C_n \cos\left(\frac{2n-1}{2}\pi X\right) \cos\left(\frac{2m-1}{2}\pi X\right)\mathrm{d}X \tag{1-30}$$

$\cos\left(\dfrac{2m-1}{2}\pi X\right)$ 是正交函数，具有如下特性$\left(令 \dfrac{2m-1}{2}\pi = k_m\right)$：

$$I = \int_{-1}^{1} \cos(k_m X) \cos(k_n X) \mathrm{d}X = \frac{2(k_m \sin k_m \cos k_n - k_n \sin k_n \cos k_m)}{k_n^2 - k_m^2}$$

所以

$$I = \begin{cases} 0, & m \neq n \\ 1, & m = n \end{cases}$$

当 $m = n$ 时，$I = 1$，代入式 (1-30) 得：

$$C_n = 2 \int_0^1 \theta(X, 0) \cos\left(\frac{2n-1}{2}\pi X\right)\mathrm{d}X \tag{1-31}$$

由初始条件得知 $\theta(X, 0) = 1$，则式(1-31) 为：

$$C_n = 2 \int_0^1 \cos\left(\frac{2n-1}{2}\pi X\right)\mathrm{d}X = (-1)^{n+1} \frac{4}{(2n-1)\pi} \tag{1-32}$$

将式 (1-32) 代回式 (1-29) 中可得：

$$\theta(X, Fo) = \sum_{n=1}^{\infty} (-1)^{n+1} \frac{4}{(2n-1)\pi} \cos\left(\frac{2n-1}{2}\pi X\right) e^{-\left(\frac{2n-1}{2}\pi\right)^2 Fo} \tag{1-33}$$

再将 θ、X、Fo 的表达式代回式 (1-33) 中即可得到：

$$t = t_表 + (t_0 - t_表) \frac{4}{\pi} \sum_{n=1}^{\infty} \frac{(-1)^{n+1}}{2n-1} \cos\left(\frac{2n-1}{2}\pi \frac{x}{s}\right) e^{-\left[\frac{(2n-1)\pi}{2}\right]^2 \frac{a\tau}{s^2}} \qquad (1\text{-}34)$$

式（1-34）即为物体内发生一维不稳定态导热时，在第一类边界条件下，表面恒温加热时，物体内部各点温度随坐标和时间的变化规律。

利用该式，已知加热时间，可计算出指定点 x 处的温度 t；反之，可求得指定点被加热到某一温度所需时间 τ。

解的表达式（1-34）是一个带有幂指数函数的无穷级数，很复杂，不便于工程应用，可将其变化如下：

$$\frac{t_表 - t}{t_表 - t_0} = \frac{4}{\pi} \sum_{n=1}^{\infty} \frac{(-1)^{n+1}}{2n-1} \cos\left(\frac{2n-1}{2}\pi \frac{x}{s}\right) e^{-\left[\frac{(2n-1)\pi}{2}\right]^2 \frac{a\tau}{s^2}}$$

将其整理成 X、Fo 的函数的形式得：

$$\frac{t_表 - t}{t_表 - t_0} = \phi\left(\frac{a\tau}{s^2}, \frac{x}{s}\right) = \phi(Fo, X) \qquad (1\text{-}35)$$

式中，$\theta = \dfrac{t_表 - t}{t_表 - t_0}$ 为相对温度；$Fo = \dfrac{a\tau}{s^2}$ 为傅里叶数；$X = \dfrac{x}{s}$ 为几何特征数。

特征数是由多个物理量组成的无量纲复合数群，是按一定物理概念或定律导出的，尽管没有单位，但都具有一定的物理意义。

傅里叶数 Fo 是不稳定态导热中温度随时间 τ 变化的特征数。几何特征数 X 表示空间点的相对位置，其中 s 表示加热或冷却时的透热深度，双面加热时透热深度为 $\pm s$，单面加热时为 $2s$（设板的厚度为 $2s$），圆钢加热时透热深度为半径 r。

将微分方程的解整理成特征数方程式的形式便于工程应用，即通过计算将 θ、Fo 与 X 绘成图表，实际使用时，通过查阅图表即可求出相应时间或温度，图 1-7 为表面恒温加热时，用于平板的 $\phi\left(\dfrac{a\tau}{s^2}, \dfrac{x}{s}\right)$ 与 Fo 和 X 的关系。

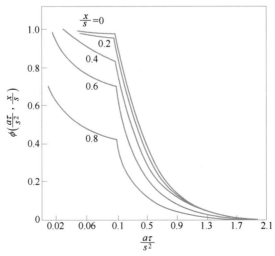

图 1-7　表面恒温加热时，用于平板的 $\phi\left(\dfrac{a\tau}{s^2}, \dfrac{x}{s}\right)$ 与 Fo 和 X 的关系

研究物体的加热时，经常需要找出物体中心温度与时间的关系，此时可将 $x=0$ 代入式（1-35）中，得到物体中心温度与时间的关系为：

$$\frac{t_\text{表} - t_\text{中}}{t_\text{表} - t_0} = \phi_\text{中}\left(\frac{a\tau}{s^2}\right) = \phi_\text{中}(Fo) \tag{1-36}$$

式中，$t_\text{中}$ 为物体的中心温度。

图 1-8 为表面恒温加热时，各种物体的 $\phi_\text{中}\left(\dfrac{a\tau}{s^2}\right)$ 与 Fo 的关系。

例题 1-2   厚为 200 mm 的钢板在加热炉内双面加热。假设初始温度均匀并等于 0 ℃，加热开始后表面温度立即上升到 1250 ℃，加热过程中保持不变，试计算中心温度达到 1100 ℃ 时所需加热时间。已知钢板的平均导温系数为 $a = 0.025$ m²/h。

解：计算相对中心温度 $\theta_\text{中} = \dfrac{t_\text{表} - t_\text{中}}{t_\text{表} - t_0} = \dfrac{1250 - 1100}{1250 - 0} = 0.12$。

查图 1-7 中 $x/s = 0$ 曲线，得 $Fo = 0.95 \sim 1.2$，取 $Fo = 1.0$，则加热时间为：

$$\tau = \frac{Fo \cdot s^2}{a} = \frac{0.1^2 \times 1.0}{0.025} = 0.4(\text{h})$$

据此可计算出钢板的加热速率，即加热单位厚度所需时间为：

$$m = \frac{\tau}{s} = \frac{0.4 \times 60}{10} = 2.4(\text{min/cm})$$

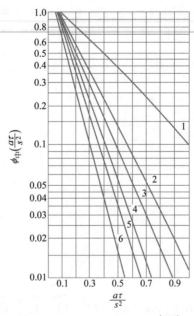

图 1-8   表面恒温加热时，各种物体的 $\phi_\text{中}\left(\dfrac{a\tau}{s^2}\right)$ 与 Fo 的关系

1—平板；2—方钢；3—长圆柱体；4—立方体；5—$H=d$ 的圆柱体；6—球体

1.3.1.2 表面恒温均热

如图 1-9 所示，无限大平板厚度为 $2s$，一维不稳定态导热，平板的物性参数均为常数（分别用 a、λ 表示导温系数和导热系数）。

初始条件，$t\big|_{\tau=0} = t_0 + \Delta t_0\left(\dfrac{x}{s}\right)^2$；

边界条件，$t_{表}\big|_{x=\pm s} = t_0 + \Delta t_0$，在加热过程中不变。

在上述单值条件下，微分方程 $\dfrac{\partial t}{\partial \tau} = \dfrac{\lambda}{\rho c}\dfrac{\partial^2 t}{\partial x^2}$ 的解为：

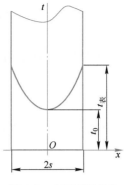

图 1-9　表面恒温均热

$$\frac{t_{表} - t}{t_{表} - t_{中,0}} = \sum_{n=1}^{\infty} \frac{4}{k_n^3}(-1)^{n+1}\cos\left(k_n,\frac{x}{s}\right)\mathrm{e}^{-k_n^2\frac{a\tau}{s^2}} = \phi\left(\frac{a\tau}{s^2},\frac{x}{s}\right) \tag{1-37}$$

式中，$k_n = \dfrac{2n-1}{2}\pi(n = 1,\ 2,\ 3,\ \cdots)$。

为便于查阅，将其绘成如图 1-10 所示的曲线形式。

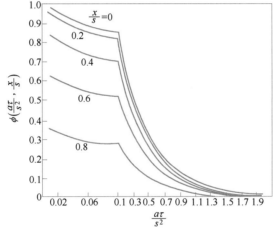

图 1-10　表面恒温均热时，用于平板的 $\phi\left(\dfrac{a\tau}{s^2},\dfrac{x}{s}\right)$ 与 Fo 的关系

1.3.1.3 等速加热

无限大平板厚度仍为 $2s$，一维不稳定态导热，平板的物性参数为常数（分别用 a、λ 表示导温系数和导热系数）。

初始条件，$t\big|_{\tau=0} = t_0$；

边界条件，$t_{表}\big|_{x=\pm s} = t_0 + C\tau$。

式中，C 为加热速度，℃/h。

在上述单值条件下，微分方程 $\dfrac{\partial t}{\partial \tau} = \dfrac{\lambda}{\rho c}\dfrac{\partial^2 t}{\partial x^2}$ 的解为：

$$t = t_0 + C\tau + \frac{Cs^2}{2a}\left(\frac{x^2}{s^2} - 1\right) + \frac{Cs^2}{a}\,\phi\left(\frac{a\tau}{s^2}, \frac{x}{s}\right) \tag{1-38}$$

对圆柱体在上述单值条件下，微分方程 $\dfrac{\partial t}{\partial \tau} = \dfrac{\lambda}{\rho c}\left(\dfrac{\partial^2 t}{\partial r^2} + \dfrac{1}{r}\dfrac{\partial t}{\partial r}\right)$ 的解为：

$$t = t_0 + C\tau + \frac{CR^2}{4a}\left(\frac{r^2}{R^2} - 1\right) + \frac{CR^2}{a}\,\phi\left(\frac{a\tau}{R^2}, \frac{r}{R}\right) \tag{1-39}$$

式中，函数 ϕ 与 Fo 的关系分别如图 1-11 和图 1-12 所示。

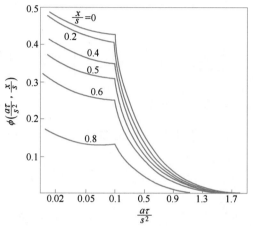

图 1-11　等速加热时用于平板的 $\phi\left(\dfrac{a\tau}{s^2}, \dfrac{x}{s}\right)$ 与 Fo 的关系

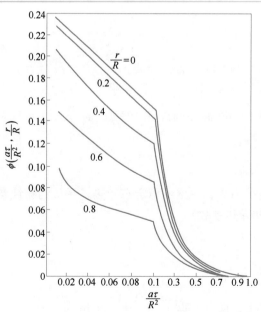

图 1-12　等速加热时用于圆柱体的 $\phi\left(\dfrac{a\tau}{R^2}, \dfrac{r}{R}\right)$ 与 Fo 的关系

1.3.2　第二类边界条件下的加热

给出加热过程中通过物体表面的热流密度随时间变化的规律 $q_表 = f(\tau)$。鉴于求解微分方程的复杂性，此处只给出简单情况下（$q_表 = C$）的解，并对特解进行分析。

如图 1-13 所示，无限大平板厚度为 $2s$，一维不稳定态导热，平板的物性参数均为常数（分别用 a、λ 表示导温系数和导热系数）。

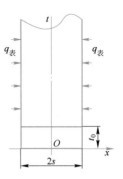

图 1-13　恒热流加热

初始条件，$t\big|_{\tau=0} = t_0$；

边界条件，$q_表\big|_{x=\pm s} = C$。

在上述单值条件下，微分方程 $\dfrac{\partial t}{\partial \tau} = \dfrac{\lambda}{\rho c}\dfrac{\partial^2 t}{\partial x^2}$ 的解为：

$$t = t_0 + \frac{q_表 s}{2\lambda}\left[\frac{2a\tau}{s^2} + \left(\frac{x}{s}\right)^2 - \frac{1}{3} + \frac{4}{\pi^2}\sum_{n=1}^{\infty}\frac{(-1)^{n+1}}{n^2}e^{-(n\pi)^2\frac{2a\tau}{s^2}}\cos\left(n\pi\frac{x}{s}\right)\right] \quad (1\text{-}40)$$

式（1-40）十分复杂，为便于应用，可对其进行简化处理。在式（1-40）中，随时间 τ 的增加，后边无穷级数的和趋近 0，当 $\tau > \dfrac{s^2}{6a}$ 时，级数和已经很小，可忽略，式（1-40）简化为：

$$t = t_0 + \frac{q_表 s}{2\lambda}\left[\frac{2a\tau}{s^2} + \left(\frac{x}{s}\right)^2 - \frac{1}{3}\right] \quad (1\text{-}41)$$

当 $x = \pm s$ 时，$t = t_表$，得到表面温度为：

$$t_表 = t_0 + \frac{q_表 s}{2\lambda}\left(\frac{2a\tau}{s^2} + \frac{2}{3}\right) \quad (1\text{-}42)$$

当 $x = 0$ 时，$t = t_中$，得到中心温度为：

$$t_中 = t_0 + \frac{q_表 s}{2\lambda}\left(\frac{2a\tau}{s^2} - \frac{1}{3}\right) \quad (1\text{-}43)$$

用式（1-42）减去式（1-43），得到表面与中心的温度差为：

$$\Delta t = t_表 - t_中 = \frac{q_表 s}{2\lambda} \quad (1\text{-}44)$$

根据式（1-40）可绘出加热过程中平板内任意一点的温度随加热时间的变化曲线，也可以绘出任意时刻平板断面上的温度分布曲线，如图 1-14 所示。

在式（1-43）中，当 $t_中 = t_0$ 时，得到中心温度开始上升的时间 $\tau' = \dfrac{s^2}{6a}$，将中心温度开始升高之前的一段时间（$\tau < \tau'$）称为加热的开始阶段；将中心温度开始上升后的加热（$\tau > \tau'$）称为正规加热阶段。

由图 1-14 可见：（1）加热的开始阶段表面温度逐渐升高，中心温度基本保持不变，钢坯断面温差不断升高（此时 Δt 含无穷级数部分），此阶段相当于钢在连续加热炉内预热初期；（2）进入正规加热阶段后，钢坯表面与中心温度呈直线上升，斜率相同，断面温差为常数，钢坯断面温度分布呈抛物线形，且随加热时间延长不断

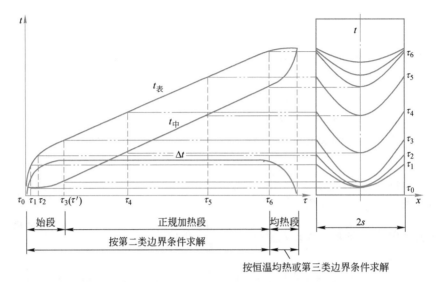

图 1-14　第二类边界条件下加热时平板的断面温度分布

上移，直至 τ_6 时刻为止。此后，平板表面温度不再升高，中心温度继续上升，断面温差不断减小，直到断面温差符合工艺要求为止，此阶段微分方程可采用第三类边界条件求解，也可采用第一类边界条件下的等速加热情况求解。

同理，对半径为 R 的无限长圆柱体，在上述边界条件下，微分方程式（1-12）的解为：

$$t = t_0 + \frac{q_{表}R}{2\lambda}\left[\frac{2a\tau}{R^2} + \left(\frac{x}{R}\right)^2 - \frac{1}{2}\right] \tag{1-45}$$

当 $r = \pm R$ 时，$t = t_{表}$，得到表面温度为：

$$t_{表} = t_0 + \frac{q_{表}R}{2\lambda}\left(\frac{2a\tau}{R^2} + \frac{1}{2}\right) \tag{1-46}$$

当 $r = 0$ 时，$t = t_{中}$，得到中心温度为：

$$t_{中} = t_0 + \frac{q_{表}R}{2\lambda}\left(\frac{2a\tau}{R^2} - \frac{1}{2}\right) \tag{1-47}$$

用式（1-46）减去式（1-47），得到表面与中心的温度差为：

$$\Delta t = t_{表} - t_{中} = \frac{q_{表}R}{2\lambda} \tag{1-48}$$

在式（1-47）中，当 $t_{中} = t_0$ 时，得到中心温度开始上升的时间为 $\tau' = \dfrac{R^2}{4a}$。

例题 1-3　厚度为 400 mm 的钢板在热流不变的炉中双面加热，已知热流量 $q = 40000$ W/m²，求：（1）钢板芯部开始升温的时间。（2）钢板表面从 20 ℃加热到 500 ℃所需时间及此时平板中心温度。钢板初始温度为 $t_0 = 20$ ℃，导热系数 $\lambda = 40$ W/(m·℃)，导温系数 $a = 0.04$ m²/h。

解：由 $\tau' = \dfrac{s^2}{6a}$ 得到 $\tau' = \dfrac{0.2^2}{6 \times 0.04} = \dfrac{1}{6}$ h（10 min），此时有：

$$t_表 = t_0 + \frac{q_表 s}{2\lambda}\left(\frac{2a\tau}{s^2} + \frac{2}{3}\right) = 120(℃)$$

由 $t_表 = t_0 + \dfrac{q_表 s}{2\lambda}\left(\dfrac{2a\tau}{s^2} + \dfrac{2}{3}\right)$，得：

$$500 = 20 + \frac{40000 \times 0.2}{40 \times 2}\left(\frac{2 \times 0.04\tau}{0.2^2} + \frac{2}{3}\right)$$

解得：$\tau = 2.07(\text{h})$。

由此得中心温度：

$$t_中 = t_0 + \frac{q_表 s}{2\lambda}\left(\frac{2a\tau}{s^2} - \frac{1}{3}\right) = 20 + \frac{40000 \times 0.2}{40 \times 2}\left(\frac{2 \times 0.04 \times 2.07}{0.2^2} - \frac{1}{3}\right) = 400(℃)$$

1.3.3 第三类边界条件下的加热

给出周围介质的温度随时间的变化规律或物体表面与周围介质之间的热交换规律。同理，此处只给出简单情况下（$t_炉 = C$）解的形式。

如图 1-13 所示，无限大平板厚度为 $2s$，一维不稳定态导热，平板物性参数均为常数（分别用 a、λ 表示导温系数和导热系数）。

初始条件，$t|_{\tau=0} = t_0$；

边界条件，$q|_{x=\pm s} = \alpha_\Sigma(t_炉 - t_表)$，$t_炉 = C$。

在上述单值条件下，微分方程式（1-8）的解为：

$$\frac{t_炉 - t}{t_炉 - t_0} = \sum_{n=1}^{\infty} \frac{2\sin\delta}{\delta + \sin\delta\cos\delta} e^{-\frac{\delta^2 a\tau}{s^2}}\cos\left(\delta\frac{x}{s}\right) \tag{1-49}$$

式中，δ 为 $\dfrac{\alpha_\Sigma s}{\lambda}$ 的函数，如令 $Bi = \dfrac{\alpha_\Sigma s}{\lambda}$，式（1-49）可表示为：

$$\frac{t_炉 - t}{t_炉 - t_0} = \phi\left(\frac{a\tau}{s^2}, \frac{\alpha_\Sigma s}{\lambda}, \frac{x}{s}\right) = \phi(Fo, Bi, X) \tag{1-50}$$

当 $x = \pm s$ 时，$t = t_表$，得到表面温度为：

$$\frac{t_炉 - t_表}{t_炉 - t_0} = \phi_表\left(\frac{a\tau}{s^2}, \frac{\alpha_\Sigma s}{\lambda}\right) = \phi_表(Fo, Bi) \tag{1-51}$$

当 $x = 0$ 时，$t = t_中$，得到中心温度为：

$$\frac{t_炉 - t_中}{t_炉 - t_0} = \phi_中\left(\frac{a\tau}{s^2}, \frac{\alpha_\Sigma s}{\lambda}\right) = \phi_中(Fo, Bi) \tag{1-52}$$

同理，函数 $\phi_表$ 和 $\phi_中$ 可以做成图表，如图 1-15 和图 1-16 所示。

式（1-49）中 Bi 称为毕渥数，为物体内部的导热热阻与物体外部的换热热阻之比。

Bi 值较小说明物体内热阻较小，外热阻较大，物体断面温差较小；当 $Bi < 0.1$ 时，物体内温度趋于一致，可忽略物体断面温差，此时物体的加热称为"薄材"加

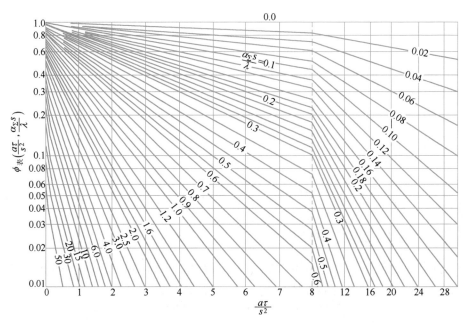

图 1-15　平板在恒温介质中加热时的函数 $\phi_{表}\left(\dfrac{a\tau}{s^2},\ \dfrac{\alpha_{\Sigma}s}{\lambda}\right)$

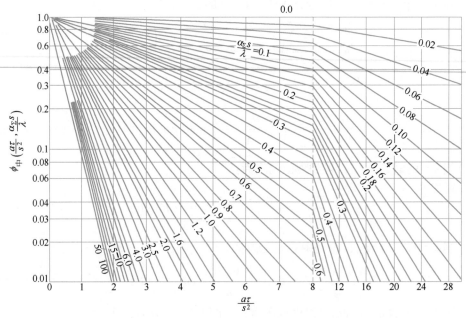

图 1-16　平板在恒温介质中加热时的函数 $\phi_{中}\left(\dfrac{a\tau}{s^2},\ \dfrac{\alpha_{\Sigma}s}{\lambda}\right)$

热，"薄材"加热不必使用三类边界条件求解。

Bi 值较大说明物体内热阻大，外热阻小，物体断面温差大；当 $Bi>0.1$ 时，物体内断面温差较大，此时物体的加热称为"厚材"加热，"厚材"加热问题需采用三类边界条件求解。

需要注意，此处的"薄材"和"厚材"不单是几何意义上的"薄"和"厚"，除几何尺寸外，还受物体的导热能力 λ 和外部换热强度 α_Σ 的影响。例如，同一物体在不同条件下进行加热时，可能是"薄材"加热问题，也可能是"厚材"加热问题，这主要取决于 α_Σ、s 和 λ 三者的组合。

对圆柱体，在上述单值条件下，微分方程式（1-12）的解同样可以表达成 Fo、Bi、X 的函数形式：

$$\frac{t_{炉} - t}{t_{炉} - t_0} = \phi\left(\frac{a\tau}{R^2}, \frac{\alpha_\Sigma R}{\lambda}, \frac{r}{R}\right) = \phi(Fo, Bi, X) \tag{1-53}$$

当 $x = \pm R$ 时，$t = t_表$，得到表面温度为：

$$\frac{t_{炉} - t_表}{t_{炉} - t_0} = \phi_表\left(\frac{a\tau}{R^2}, \frac{\alpha_\Sigma R}{\lambda}\right) = \phi_表(Fo, Bi) \tag{1-54}$$

当 $r = 0$ 时，$t = t_中$，得到中心温度为：

$$\frac{t_{炉} - t_中}{t_{炉} - t_0} = \phi_中\left(\frac{a\tau}{R^2}, \frac{\alpha_\Sigma R}{\lambda}\right) = \phi_中(Fo, Bi) \tag{1-55}$$

同理，函数 $\phi_表$ 和 $\phi_中$ 的值也可以做成图表，如图 1-17 和图 1-18 所示。

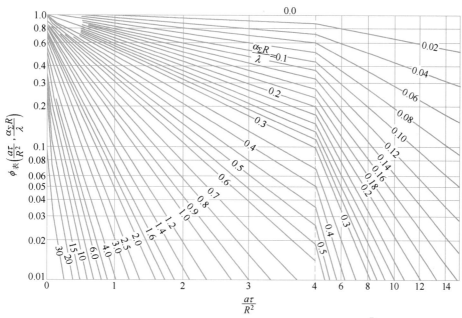

图 1-17　圆柱体在恒温介质中加热时的函数 $\phi_表\left(\dfrac{a\tau}{R^2}, \dfrac{\alpha_\Sigma R}{\lambda}\right)$

例题 1-4　直径为 500 mm 的碳钢圆锭，在炉温为 1250 ℃ 的恒温炉内均匀加热，问中心温度达到 1180 ℃ 时所需加热时间和这时钢锭表面的温度。已知钢锭初始温度 $t_0 = 20$ ℃，综合传热系数 $\alpha_\Sigma = 350$ W/(m²·℃)，钢的导热系数 $\lambda = 32.4$ W/(m·℃)，导温系数 $a = 0.022$ m²/h。

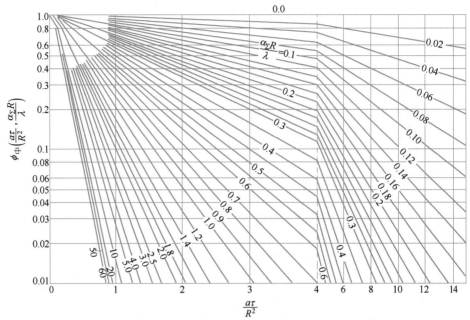

图 1-18   圆柱体在恒温介质中加热时的函数 $\phi_{\text{中}}\left(\dfrac{a\tau}{R^2}, \dfrac{\alpha_\Sigma R}{\lambda}\right)$

解：$Bi = \dfrac{\alpha_\Sigma R}{\lambda} = \dfrac{350 \times 0.25}{32.4} = 2.7$, $\dfrac{t_\text{炉} - t_\text{中}}{t_\text{炉} - t_{\text{中},0}} = \dfrac{1250 - 1180}{1250 - 20} = 0.057$

查图 1-18 得到 $Fo = 1.15$，则 $\tau = 1.15 \times \dfrac{0.25^2}{0.022} = 3.3(\text{h})$。

根据 $Bi = 2.7$ 和 $Fo = 1.15$，查图 1-17 得中心相对温度 $\dfrac{t_\text{炉} - t_\text{表}}{t_\text{炉} - t_0} = 0.016$，可得加

热 3.3 h 后表面温度为：

$$t_\text{表} = 1250 - (1250 - 20) \times 0.016 = 1230(\text{℃})$$

 延伸阅读

传热学科学家——毕渥

让·巴蒂斯特·毕渥（Jean Baptiste Biot）是一位法国物理学家、天文学家和数学家。1774 年 4 月 21 日，毕渥出生在法国巴黎，于 1862 年逝世。毕渥在科学界的贡献使他成为当时法国著名的科学家之一。他毕业于法国著名的工程学校巴黎综合理工学院。1800 年，毕渥加入了法国科学院，他开始从事对光学、电磁学和声学等领域的研究。毕渥的研究跨足了多个物理学领域，但他在声学和热力学方面的工作最为突出。虽然毕渥比傅里叶年轻，但他比傅里叶更早对导热进行研究，大概在 1802 年至 1803 年间就已开始。1804 年，毕渥根据平壁导热的实验，发表学术论文，提出了导热量正比于两侧温差、反比于壁厚的概念。傅里叶是在阅读此篇文章后，在 1807 年提出求解偏微分方程的分离变量法和可以将解表示成一系列任意函数的概

念。在传热学中，为纪念毕渥，有相应的毕渥数。毕渥数反映了物体对流热阻与导热热阻相对大小关系。

1.4 导热问题的数值解法

前述数学分析法的优点是可以直接给出温度场的分析解，便于分析各种因素对温度分布的影响，但缺点是仅限于经典问题的近似求解，即主要用于求解几何形状和边界条件比较简单的问题，实际情况下由于假设条件过多会引起较大误差。如何以更简单的方式求解实际导热问题呢？自计算机问世以来，数值解法给出了更快捷和准确的解。

数值解法计算简单，结果更符合实际要求，但计算工作量大。导热问题的数值解法很多，常用的方法包括有限差分法、有限元法等。本节就二维稳定态导热问题的差分解法、一维不稳定态导热问题的差分解法和一维不稳定态导热问题的有限元法做初步介绍。

1.4.1 二维稳定态导热问题的差分解法

有限差分解法是将连续变化的物理过程用不连续的阶跃过程代替，把解微分方程变为解差分方程。具体讲就是把连续的定解区域用有限个离散点构成的网格来代替，这些离散点称作网格节点；把定解区域上连续变量的函数用网格上定义的离散变量函数来近似；把原方程和定解条件中的微商用差商来近似，于是原微分方程和定解条件就近似地以代数方程组代之，此即有限差分方程组，解此方程组就可以得到原问题在离散点上的近似解，最后再利用插值方法从离散解得到定解问题在整个区域上的近似解。下面采用张弛法（有限差分解法的一种）求解二维稳定态导热问题。

如图 1-19 所示，将二维温度场（z 向无温度变化）按等距离分成若干网格（离散化），网格的交叉点为节点。从中取出一部分，得到若干相等的单元体 0、1、2、3、4，单元体的边长分别为 Δx 和 Δy，厚度均为 Δz，节点上相应温度分别为 t_0、t_1、t_2、t_3、t_4。稳定态导热情况下，温度不随时间而变，即传热过程中流向任意节点的热量总和为零。

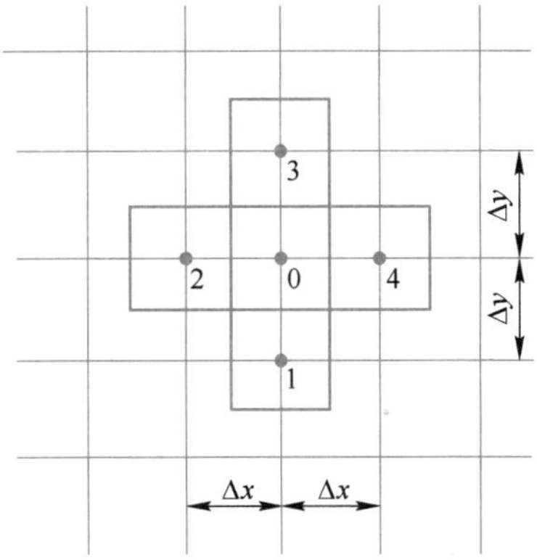

图 1-19　二维稳定态导热的差分解法

根据热量平衡关系，对单元体 0 得到：

$$Q_0 = Q_{10} + Q_{20} + Q_{30} + Q_{40} = 0$$

根据傅里叶导热定律，上式表达成差分形式为：

$$Q_0 = \lambda \Delta x \Delta z \frac{t_1 - t_0}{\Delta y} + \lambda \Delta y \Delta z \frac{t_2 - t_0}{\Delta x} + \lambda \Delta x \Delta z \frac{t_3 - t_0}{\Delta y} + \lambda \Delta y \Delta z \frac{t_4 - t_0}{\Delta x} = 0$$

式中，λ、Δx、Δy、Δz 已知，t_0、t_1、t_2、t_3、t_4 未知。若划分网格时使 $\Delta x = \Delta y$，则上

述差分方程简化为：

$$t_1 + t_2 + t_3 + t_4 - 4t_0 = 0 \qquad (1\text{-}56)$$

设所分析的物体共有 n 个节点，同理可列出 n 个节点的差分方程式，然后联立求解，可得所有节点的温度值。张弛法是求解联立方程的方法之一，网格划分得越细，结果就越接近实际的温度分布值。利用张弛法联解差分方程的步骤如下：

（1）初步假定各节点的温度；

（2）将假定温度代入式（1-56），由于假定温度不准确，故式子的右侧不为零，而有余数 Q'，求出各节点的余数；

（3）对有余数的各节点，取其余数的 1/4 作温度值的改变量，其符号与余数的正负号一致，使各节点的余数张弛为零；

（4）再计算各节点的温度又有新的余数，再按上述方法重复计算，直到所有节点的余数都接近零为止。

例题 1-5　设炉墙转角截面如图 1-20 所示，内外壁温度各保持 400 ℃和 100 ℃，求炉墙中心的温度分布。

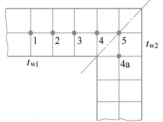

图 1-20　炉墙转角截面图

解：取单元边长为墙厚的一半，确立节点 1，2，3，…，墙角两边对称，故 $t_4 = t_{4a}$。先假定各节点温度为 $t_1 = t_2 = t_3 = t_4 = t_{4a} = 250$ ℃，$t_5 = 200$ ℃（节点 5 两边散热，温度必低于其他各点），将假设温度值代入式（1-56），求出各节点的余数 Q'，得到：

$$Q'_1 = Q'_2 = Q'_3 = 0$$

$$Q'_4 = t_3 + t_{w2} + t_5 + t_{w1} - 4t_4 = 250 + 100 + 200 + 400 - 4 \times 250 = -50$$

$$Q'_5 = t_4 + t_{w2} + t_{w2} + t_{4a} - 4t_5 = 250 + 100 + 100 + 250 - 4 \times 200 = -100$$

由于节点 5 的余数最大，为 -100 ℃，于是，第二次迭代时将节点 5 的温度设定为 $t_5 = 200 + (-100/4) = 175$ ℃，将节点 4 的温度设定为 $t_4 = 250 + (-50/4) = 237$ ℃，将此值重新代入式（1-56），得到节点 5 的余数最大，为 -26 ℃，再重新设定节点 5 的温度为 $t_5 = 175 + (-26/4) \approx 168$ ℃，重新计算，直到达到精度要求为止，见表 1-1。

表 1-1　各次计算所得节点温度和余数值

序号	节 点									
	1		2		3		4		5	
	t_1/℃	Q'	t_2/℃	Q'	t_3/℃	Q'	t_4/℃	Q'	t_5/℃	Q'
0	250	0	250	0	250	0	250	-50	200	-100
1	250	0	250	0	250	-13	237	-23	175	-25
2	250	0	250	-3	247	-7	231	-9	168	-10
3	250	-1	249	-1	245	-2	229	-6	165	-2
4	250	-1	249	-2	244	0	227	0	164	-2

1.4.2　一维不稳定态导热问题的差分解法

对一维不稳定态导热问题，用有限个微小时间段内的稳定态等温过程代替连续变化的不稳定态导热过程，可得不稳定态导热过程的解。解的精度取决于差分值 $\Delta\tau$、Δx 的值，即一般情况下 $\Delta\tau$、Δx 的值取得越小，精度越高。

1.4.2.1　以平板为例用差商代替微商建立有限差分方程

如图 1-21 所示，将一维导热大平板沿 x 方向以等间距 Δx 分成 N 段；时间从 $\tau = 0$ 开始，等间隔 $\Delta\tau$ 分成 M 段。用 i 表示内节点坐标 x 的位置，用 k 表示第 $k\Delta\tau$ 时刻，则 t_i^k 表示第 $k\Delta\tau$ 时刻节点 i 的温度。

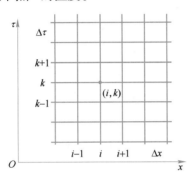

图 1-21　一维不稳定态导热空间与时间的离散

（1）对内部节点。用一阶向前差分表示内节点 (i, k) 的温度对时间的偏导数：

$$\frac{\partial t}{\partial \tau} \approx \frac{t_i^{k+1} - t_i^k}{\Delta\tau}$$

用二阶中心差分表示内节点 (i, k) 的温度对坐标 x 的偏导数：

$$\frac{\partial^2 t}{\partial x^2} \approx \frac{t_{i+1}^k + t_{i-1}^k - 2t_i^k}{\Delta x^2}$$

将上述二式代入一维导热微分方程，可得：

$$\frac{t_i^{k+1} - t_i^k}{\Delta\tau} = a\frac{t_{i+1}^k + t_{i-1}^k - 2t_i^k}{\Delta x^2}$$

整理后得：

$$t_i^{k+1} = \frac{a\Delta\tau}{\Delta x^2}(t_{i+1}^k + t_{i-1}^k) + \left(1 - \frac{2a\Delta\tau}{\Delta x^2}\right)t_i^k$$

令 $Fo = \dfrac{a\Delta\tau}{\Delta x^2}$，则有：

$$t_i^{k+1} = Fo(t_{i+1}^k + t_{i-1}^k) + (1 - 2Fo)t_i^k \tag{1-57}$$

式（1-57）即为一维不稳定态导热问题的差分方程，由于具有显函数特征，故也称显式差分格式。实际应用中 $1-2Fo \geqslant 0$ 才能保证计算收敛，故解的稳定性条件是 $Fo \leqslant 1/2$。

（2）对边界节点。在第二、三类边界条件下加热时，边界节点温度为未知量，需用热平衡法建立节点温度差分方程。如图 1-22 所示，对流边界节点 N 写出热平衡方程为：

$$\lambda \frac{t_{N-1}^k - t_N^k}{\Delta x} \Delta y \Delta z + \alpha(t_f^k - t_N^k)\Delta y \Delta z = \rho c \frac{\Delta x \Delta y \Delta z}{2} \frac{t_N^{k+1} - t_N^k}{\Delta \tau}$$

令 $Bi = \dfrac{\alpha \Delta x}{\lambda}$ ， $Fo = \dfrac{\lambda \Delta \tau}{\rho c \Delta x^2}$ ，将上式整理后得到：

$$t_N^{k+1} = 2Fo(t_{N-1}^k + Bi \cdot t_f^k) + (1 - 2Bi \cdot Fo - 2Fo)t_N^k$$

$$(1\text{-}58)$$

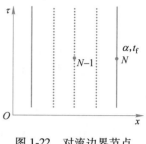

图 1-22   对流边界节点

该式的稳定性条件为：

$$(1 - 2Bi \cdot Fo - 2Fo) \geqslant 0, \ \text{即} \ Fo \leqslant \frac{1}{2Bi + 2}$$

（3）对中心节点。运用绝热边界条件（如对称加热时平板或圆钢的中心点），由于 $q = \alpha(t_f^k - t_N^k) = 0$，故可得绝热边界节点温度的显式差分方程为：

$$t_N^{k+1} = 2Fo \cdot t_N^k + (1 - 2Fo)t_N^k \tag{1-59}$$

1.4.2.2　以圆钢为例运用能量守恒定律建立有限差分方程

圆钢属于轴对称形状，发生不稳定态导热时属于一维不稳定态导热问题，可采用能量守恒定律建立有限差分方程。

在圆柱坐标系中网格划分如图 1-23 所示，假定扇形弧长占整个圆周的 $1/m$，现以节点 i 为任意内节点，建立内节点差分方程。

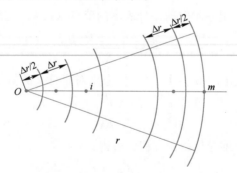

图 1-23   圆柱体差分网格的划分

由节点 i 右侧（节点 $i+1$）流入的热流量为：

$$Q_1 = \frac{\lambda(t_{i+1} - t_i)}{\Delta r} \frac{2\pi}{m}\left(r + \frac{\Delta r}{2}\right)\Delta z$$

由节点 i 左侧（节点 $i-1$）流出的热流量为：

$$Q_2 = \frac{\lambda(t_i - t_{i-1})}{\Delta r} \frac{2\pi}{m}\left(r - \frac{\Delta r}{2}\right)\Delta z$$

在 Q_1 和 Q_2 的作用下，扇形柱状单元体在 $\Delta \tau$ 时间内，温度发生了 Δt 的增量，则热流量的变化为：

$$Q = \rho c_p \left[\frac{\pi \left(r + \frac{\Delta r}{2} \right)^2}{m} - \frac{\pi \left(r - \frac{\Delta r}{2} \right)^2}{m} \right] \Delta z \frac{\Delta t}{\Delta \tau} = \rho c_p \frac{2i\pi}{m} (\Delta r)^2 \Delta z \frac{\Delta t}{\Delta \tau}$$

式中，$r = i\Delta r$。

由能量守恒定律可知 $Q_1 - Q_2 = Q$，将 Q_1、Q_2、Q 代入，并令 $r = i\Delta r$，$Fo = \dfrac{\lambda \Delta \tau}{\rho c_p (\Delta r)^2}$，得到内部节点的差分方程为：

$$t_i^{k+1} = Fo \left(1 + \frac{1}{2i} \right) t_{i+1}^k + (1 - 2Fo) t_i^k + Fo \left(1 - \frac{1}{2i} \right) t_{i-1}^k \tag{1-60}$$

同样，对边界节点，设边界节点温度为 t_m，则由 m 点流入的热流量为：

$$Q_1 = \frac{2\pi}{m} r \Delta z \alpha (t_f - t_m)$$

由节点 m 左侧（节点 $m-1$）流出的热流量为：

$$Q_2 = \frac{\lambda (t_m - t_{m-1})}{\Delta r} \frac{2\pi}{m} \left(r - \frac{\Delta r}{2} \right) \Delta z$$

半扇形柱状单元体（$\Delta r/2$）在 $\Delta \tau$ 时间内，温度发生了 Δt 的增量时热流量的变化为：

$$Q = \rho c_p \left[\frac{\pi r^2}{m} - \frac{\pi \left(r - \frac{\Delta r}{2} \right)^2}{m} \right] \Delta z \frac{\Delta t}{\Delta \tau} = \rho c_p \frac{\pi}{m} \left(r\Delta r - \frac{(\Delta r)^2}{4} \right) \Delta z \frac{\Delta t}{\Delta \tau}$$

由能量守恒定律 $Q_1 - Q_2 = Q$ 可得边界节点的差分方程为：

$$t_m^{k+1} = 2Fo \cdot t_{m-1}^k + (1 - 2Fo) t_m^k + 2\alpha Fo \frac{\Delta r}{\lambda} \left(1 + \frac{1}{2m} \right) (t_f - t_m^k) \tag{1-61}$$

对中心节点，设中心节点温度为 t_0，则由节点右侧流入的热流量为：

$$Q_1 = \frac{\lambda (t_1 - t_0)}{\Delta r} \frac{2\pi}{m} \frac{\Delta r}{2} \Delta z$$

节点左侧为轴心绝热边界，无热量流出，即 $Q_2 = 0$。半扇形柱状单元体（$\Delta r/2$）在 $\Delta \tau$ 时间内，温度发生了增量 Δt 时热流量的变化为：

$$Q = \rho c_p \frac{\pi}{m} \left(\frac{\Delta r}{2} \right)^2 \Delta z \frac{\Delta t}{\Delta \tau}$$

由能量守恒定律 $Q_1 - Q_2 = Q$ 可得中心节点的差分方程为：

$$t_0^{k+1} = (1 - 4Fo) t_0^k + 4Fo \cdot t_1^k \tag{1-62}$$

上述差分方程仍然属于显式差分方程，解的稳定性条件仍为 $Fo \leqslant 1/4$。

1.4.3　不稳定态导热问题的有限元解法初步

有限元法是将一个连续系统（物体）分割成有限个单元（离散化），先对每一个单元进行分析，给出每一个单元的近似解（单元分析），再将所有单元按照一定的方式进行组合，来模拟或者逼近原来的系统或物体（整体分析），从而将一个连续的无限自由度问题简化成一个离散的有限自由度问题分析求解的一种数值分析

有限元法
（视频）

方法。

应用于材料加工传热领域的大型有限元模拟软件有 ANSYS、Deform、ProCAST、Fluent 和 Marc 等。这些软件各有其特点，ANSYS 应用最为广泛，Deform 主要用于模拟伴有材料流动的传热行为，Fluent 主要用于模拟流体的传热行为，ProCAST 用于解决凝固传热问题，Marc 主要用于模拟材料加工过程中非线性传热问题。

有限元法分析过程可分为前处理、分析、后处理三大步骤。

（1）前处理：对实际的连续体离散化后就建立了有限元分析模型。在这一阶段，要构造计算对象的几何模型，划分有限元网格，生成有限元分析的输入数据，这一步是有限元分析的关键。

（2）分析：主要包括单元分析、整体分析、载荷移置、引入约束、求解约束方程等过程。这一过程是有限元分析的核心部分，有限元理论主要体现在这一过程中。

（3）后处理：主要包括对计算结果的加工处理、编辑组织和图形表示三个方面。它可以把有限元分析得到的数据，进一步转换为设计人员直接需要的信息，如应力分布状态、结构变形状态、瞬时温度分布等，并且绘成直观的图形，从而帮助设计人员迅速地评价和校核设计方案。下面重点以 ANSYS 软件为例介绍材料加工过程传热模拟计算。

问题描述：模拟棒材轧后热处理过程，棒材半径 $r = 20$ mm，导热系数 $\lambda = 24$ W/(m·℃)，密度 $\rho = 7840$ kg/m^3，比热容 $c = 550$ J/(kg·℃)，初始温度 $T_0 = 940$ ℃。将此棒材置于温度为 $T_f = 80$ ℃，传热系数为 $\alpha = 300$ W/(m^2·℃) 的介质中冷却，计算此钢棒冷却过程的温度分布及其演化。

模拟过程可以采用 GUI 方式（graphical user interface，图形用户界面）完成，也可以利用命令流形式编制成机器语言运行求解，本例中首先给出 GUI 步骤及其主要结果，再给出命令流程序。

1.4.3.1　GUI 求解步骤

生成几何模型（根据棒材的对称性可取截面的 1/4 建模），输入导热系数、比热容、密度等材料参数，划分单元和网格，设定初始温度、传热系数和介质温度，求解，后处理。

模拟计算得到的冷却 7 s 时的温度场如图 1-24 所示，棒材表面与中心节点温度-时间变化曲线如图 1-25 所示。

1.4.3.2　命令流求解步骤

命令流 ANSYS 软件以命令流形式保存用户操作过程，包括几何建模、网格划分、求解等。将日志文件保存起来，在下一次使用 ANSYS 软件分析同一个模型时，可以先执行日志文件，得到前一次上机所完成的结果，而不必重新一步步操作，以下是本实例的命令流：

```
/BATCH                              ! 批处理
/input,menust,tmp,',,,,,,,,,,,,,,,1    ! 定义模型
/GRA,POWER
/GST,ON
```

NODAL SOLUTION

STEP=1

SUB=4

TIME=7

TEMP(AVG)

RSYS=0

SMN=880.561

SMX=937.447

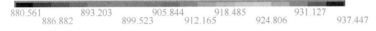

880.561   893.203   905.844   918.485   931.127
          886.882   899.523   912.165   924.806   937.447

图 1-24   棒材冷却 7 s 时的温度场

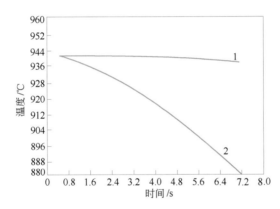

图 1-25   棒材表面与中心节点温度-时间变化曲线
1—中心温度变化；2—表面温度变化

```
/PLO,INFO,3
/GRO,CURL,ON
/CPLANE,1
/REPLOT,RESIZE
WPSTYLE,,,,,,,,0
/REPLOT,RESIZE
/PREP7                          ! 进入前处理器
ET,1,PLANE13                    ! 定义二维平面单元
KEYOPT,1,1,4                    ! 定义单元的关键选项
KEYOPT,1,2,0
KEYOPT,1,3,1
KEYOPT,1,4,0
```

```
KEYOPT,1,5,0
MPTEMP,,,,,,,,                          ! 定义材料属性
MPTEMP,1,0
MPDATA,DENS,1,,7840                     ! 定义材料密度
MPTEMP,,,,,,,,
MPTEMP,1,0
MPDATA,C,1,,550                         ! 定义材料比热容
MPTEMP,,,,,,,,
MPTEMP,1,0
MPDATA,KXX,1,,24                        ! 定义材料导热系数
PCIRC,0.02, ,0,90,                      ! 创建部分圆面
LESIZE,ALL, , ,20, ,1, , ,1,            ! 设置线段等份数
MSHKEY,0
CM,_Y,AREA
ASEL, , , ,        1                    ! 对面进行网格划分
CM,_Y1,AREA
CHKMSH,'AREA'
CMSEL,S,_Y
AMESH,_Y1                               ! 对面进行网格划分
CMDELE,_Y
CMDELE,_Y1
CMDELE,_Y2
FINISH                                  ! 退出上一个处理器
/SOLU                                   ! 进入求解器
ANTYPE,TRANS                            ! 定义分析类型
TIME,7                                  ! 通过时间定义载荷步
DELTIM,0.4,0.4,3                        ! 定义时间步长
AUTOTS,ON                               ! 自动时间步长跟踪
AUTOTS,ON
OUTRES,,ALL                             ! 设置自动时间步
TUNIF,940                               ! 施加温度载荷
LSEL,S,,,1                              ! 选择线
NSLL,S,1                                ! 选择线上的节点
D,ALL,UX,O                              ! 对节点施加约束
SF,ALL,CONV,300,80
LSEL,S,,,2
NSLL,S,1                                ! 施加位移载荷
D,ALL,UX,0
LSEL,S,,,3
NSLL,S,1
D,ALL,UY,0
ALLSEL                                  ! 选择所有信息
SOLVE                                   ! 求解
```

```
FINISH                          ! 从处理器中退出来
/POST1                          ! 进入后处理
/SHOW,WIN32c
/CONT,1,18
PLNSOL,TEMP                     ! 绘制温度等值线图
FINISH                          ! 结束
/POST26                         ! 进入时间历程后处理器
*SET,N1,NODE(0,0,0)             ! 读取节点编号
NSEL,S,,,N1
ESLN,S
NSOL,2,N1,TEMP                  ! 读取节点编号
PLVAR,2                         ! 绘制温度时间响应曲线
```

 **延伸阅读**

西迁精神传承者，工匠精神践行者——陶文铨

　　陶文铨，1939 年 3 月生于浙江绍兴，工程热物理学家、数值传热学专家，中国科学院院士，西安交通大学能源与动力工程学院教授、博士生导师，西交利物浦大学校长。1962 年陶文铨从西安交通大学本科毕业；1966 年西安交通大学研究生毕业后留校任教；1980 年赴美国明尼苏达大学机械系传热实验室进修；1988 年编著的《数值传热学》出版；1996 年陶文铨出任教育部热工课程教学指导委员会主任委员；2002 年编著的《计算传热学的近代进展》获得全国普通高等学校优秀教材一等奖；2003 年获得首届国家级教学名师奖；2004 年主持的项目获得国家自然科学奖二等奖；2005 年当选中国科学院院士；2006 年出任西交利物浦大学校长，同年获得"全国五一劳动奖章"，2013 年 10 月成立了西安交通大学陶文铨教育基金；2014 年获得了西安交通大学首届教学终身成就奖；2019 年 8 月，被评为 2019 年"最美科技工作者"。陶文铨一直从事传热强化与流动传热问题的数值计算这两分支领域的研究。截至 2018 年，出版专著与教材 14 部，发表科研论文 400 余篇，专利 10 项。

　　陶文铨长期从事传热学及其数值模拟方法与工程应用的教学与研究，推动与促进了中国计算传热学科的形成与发展；提出了分析对流项离散格式稳定性的符号不变原理与处理不规则区域的组合网格思想；提出了绝对稳定的对流项离散新格式和处理不可压缩流场速度与压力耦合关系的全隐算法，提高了计算精度和收敛速度；在强化传热方面，提出与研制了多项高效强化传热新技术。

　　能源使用中，热量和质量传递过程的数值预测及控制技术，是实现能源高效转化和利用的核心，也是航空航天、核能开发等领域发展的关键技术之一。20 世纪中叶，利用数值方法研究热值传递的数值传热学被提出。1986 年，陶文铨在西安交通大学主办了我国第一个计算传热学讲习班，首次将传热强化与流动传热问题的数值计算等领域研究引入国内。1996 年，陶文铨牵头组建了热质传递数值预测科技创新团队，随后创建热流中心，开展复杂热质传递问题数值预测基础研究及重大工程技术创新研究。20 多年来，团队相继建成热流科学与工程教育部重点实验室、新能源

与非常规能源利用中的热流科学创新引智基地、热科学与工程国际合作联合实验室等一批国家级研究平台，成为国家热科学领域的一流研究基地。

从开创国内传热数值预测研究先河，到发展成为国际计算传热及强化传热研究的一支引领团队，陶文铨院士带领的西安交通大学热质传递的数值预测控制及其工程应用创新团队，创建全新算法、攻克国际难题，成为国际传热学研究领域前沿的"中国身影"。"'传帮带'的优良传统，是团队始终保持旺盛创新力的重要原因。"他们团队定期开展小组学术活动，积极与国内外前沿团队合作，坚持科教融合，常年为全校本科生开设"传热学""工程热力学""热工基础"等教育部资源共享精品课程。20多年来，在陶文铨的带领下，团队从成立之初仅有3人的科研团队，发展为汇聚了包括院士、国家杰出青年科学基金获得者等在内的一批高水平创新人才，40岁以下成员占比62%，形成了梯队和年龄结构合理、基础与应用研究并重、优势互补的创新团队。陶文铨等几代学科领军人物都曾担任党支部书记或教研室（系）主任，在教学、科研、党建等方面以上率下、发挥模范带头作用，被西安交通大学珍视为宝贵精神财富的西迁精神在团队得到很好的传承。多年来，先后有很多人从团队走出，远赴国外顶尖高校及研究机构深造，最终又回到团队。

陶文铨认为，团队成绩的取得有历史根源。1956年交通大学西迁时，能动学院的前身动力系全部迁到西安，为学科发展奠定了坚实基础。严谨治学、认真从教的优良作风，以及迁校60余年发展中每个阶段形成的领军人物等，都对后辈治学科研产生深远影响。从1966年毕业留校任教以来，陶文铨始终坚守在教学一线。陶文铨主讲的"传热学"与"数值传热学"课程，虽然已经讲了几十遍，但每一次上课他都要重新梳理教案，融入学科领域的新进展、新成果。陶文铨先后被评为国家级教学名师、"党和人民满意的好老师"，并于2005年当选中国科学院院士。陶文铨等身体力行倡导的勤奋进取、求实融洽的精神，在科研及工作中悉心教诲，甘为人梯提携后辈的作风，让团队年轻人受益终身。

"未来我们将基于热质传递数值预测及传递过程强化与控制两大研究方向，依托八大创新平台，建成特色鲜明的国际顶尖热质传递数值预测及强化控制创新研究中心。"陶文铨满怀信心地说，团队将在继续保持既有方向优势的同时，又瞄准能源高效及绿色利用等国家科研投入重点，在能源利用理论基础、非常规能源等领域布局新的研究方向。

2 对流传热

流体流过固体表面时，如果两者之间存在温度差，相互之间就会发生热量的传递，这种传热过程称为对流传热。这种过程既包含流体流动所产生的对流作用，也包含流体分子间的传导作用，是一种复杂的物理现象。研究对流传热的主要目的是确定对流传热量，其计算通常采用牛顿提出的基本公式，即：

$$Q = \alpha(t_f - t_w)A \tag{2-1}$$

式中，t_f 为流体表面温度，℃；t_w 为固体表面温度，℃；A 为传热面积，m^2；α 为对流传热系数，$W/(m^2 \cdot ℃)$。

式（2-1）看似简单，其实并没有从根本上简化。因为对流传热是十分复杂的过程，不可能只用一个简单的代数方程就能描述清楚，这里只不过把对流传热的全部复杂因素都集中到对流传热系数上。所以，求解对流传热问题的关键是要确定对流传热系数 α。

2.1 对流传热机理

2.1.1 流体流动的两种形态

1883 年英国科学家雷诺（Osborne Reynolds）通过一个著名的实验，发现了流体流动的两种不同形态，其原理如图 2-1 所示。将管中的水流都是沿轴向流动的形态称为层流，如图 2-2（a）所示，将管中水流产生不规则的紊乱运动的流动形态称为紊流或湍流，如图 2-2（b）所示。

雷诺实验
（视频）

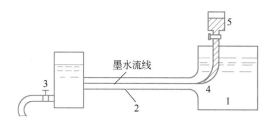

图 2-1 层流紊流实验
1—水箱；2—圆玻璃管；3—阀；4—细管；5—墨水瓶

雷诺根据不同流体和不同管径所获得的试验结果，证明支配流体流动性质的因素除流速 w 外，还有流体流过的管径 d、流体密度 ρ、流体黏度 μ。由上述四个参数组成的无量纲复合数群 $\rho w d/\mu$ 可以判定流体在管内的流动形态，这个特征数称为雷

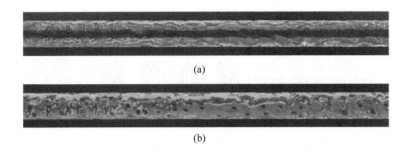

(a)

(b)

图 2-2　管中流体层流（a）、紊流（b）形态示意图

诺数，用符号 Re 表示：

$$Re = \frac{\rho w d}{\mu} \tag{2-2}$$

　　根据雷诺和许多研究者的实验，在内表面光滑的圆形管道中，$Re<2100$ 时，流动是层流；$Re>2300$ 时，流动是紊流；$2100<Re<2300$ 时，属于过渡状态。由层流转变为紊流的过程称为临界状态，$Re=2300$ 称为雷诺数的临界值。但这个值不是固定不变的，受很多因素影响，特别是流体的入口情况和管壁粗糙度等。

　　由于流动形态不同，管内流体流动速度的分布情况也不同。层流时流体速度沿管断面呈抛物面分布，管中心速度最大，沿抛物面接近管壁速度逐渐减小直至为零，其平均速度为管中心最大速度的一半，即 $\overline{w} = 0.5 w_{max}$。紊流时流体速度沿管断面的分布也呈一曲面形状，与抛物面相似，但顶端较宽，其平均速度为管中心最大速度的 $0.82 \sim 0.86$ 倍，即 $\overline{w} = (0.82 \sim 0.86) w_{max}$，如图 2-3 所示。

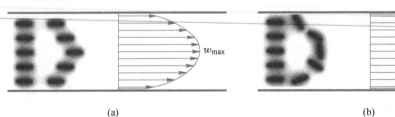

（a）　　　　　　　　　　　　　　　　　（b）

图 2-3　层流（a）和紊流（b）时管内速度分布

2.1.2　热边界层

　　如图 2-4 所示，流体流过固体表面时，由于黏性力的作用，在接近固体表面处会形成一个速度梯度很大的流体薄层，称为速度边界层。速度边界层内的流体呈层流状态（速度边界层以外的流体可能是层流，也可能是紊流），该层流层内的流体分子只有平行于固体表面的纵向运动，没有垂直于固体表面的横向运动，因此，热量在该边界层内只能靠传导来传递。此边界层即使很薄，对传热也有很大的阻碍作用，故称其为热边界层。一般情况下，热边界层的厚度不一定等于速度边界层的厚度。热边界层以外的流体由于存在垂直于固体表面的横向运动，强烈的混合大大提高了传热的强度，故紊流区内几乎不存在温度梯度。热边界层内的传热具有以下特

点：（1）温度梯度很大，且接近常数；（2）传
热方式只有导热，在层流层以外，由于垂直于固
体表面的横向运动速度很大，故温度梯度接近
零，即温度趋于均匀；（3）热边界层尽管很薄，
但因流体的导热系数很小，因此它是传热的限制
性环节。所以，对流传热可看作是流动条件下的
导热，热边界层中的导热是对流传热过程的限制
性环节。

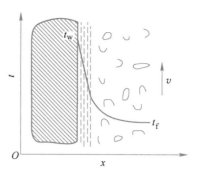

图 2-4　流体流过固体表面
时形成的热边界层

以上分析可见，凡是影响边界层状况和流体
流动状态的因素都会影响流体与固体之间的热交
换。例如，流体的流动速度、导热系数、黏度、
比热容、密度、流体和固体表面的温度、固体表面的形状和尺寸等。因此，要真正
建立起对流传热系数与上述因素之间的函数关系式 $\alpha = f(w, \lambda, \mu, c, \rho, t_f, t_w, \varphi, l)$ 是非常困难的。实际求解对流传热系数有两种方法：数学分析法和实验法。
数学分析法是建立描述对流传热现象的微分方程，然后给出边界条件，积分求解，
由于对流传热现象的复杂性，只能做出大量假设以后才能得出解析解，难以得到精
确解，一般只用于理论分析；实验法是通过实验对具体物理过程直接测定，实用性
强、效果佳，但具有一定的局限性，故通常采用相似原理指导下的实验法。本章将
给出描述对流传热现象的微分方程，并对相似原理指导下的实验法作简要介绍。

 **延伸阅读**

传热学科学家——牛顿

艾萨克·牛顿（Isaac Newton）爵士，英国著名的物理学家，百科全书式的"全
才"，著有《自然哲学的数学原理》《光学》等。1643 年 1 月 4 日，艾萨克·牛顿
出生于英格兰林肯郡。1661 年 6 月 3 日，他进入了剑桥大学的三一学院。在那时，
该学院的教学基于亚里士多德的学说，但牛顿更喜欢阅读一些笛卡尔等现代哲学家
以及伽利略、哥白尼和开普勒等天文学家更先进的思想。1665 年，他发现了广义二
项式定理，并开始发展一套新的数学理论，也就是后来为世人所熟知的微积分学。
在此后两年里，牛顿在家中继续研究微积分学、光学和万有引力定律。1669 年，牛
顿被授予卢卡斯数学教授席位。1705 年，牛顿被安妮女王封为爵士。1727 年 3 月
31 日（格兰历），伟大的艾萨克·牛顿逝世，被埋葬在了威斯敏斯特教堂。他的墓
碑上镌刻着：让人们欢呼这样一位多么伟大的人类荣耀曾经在世界上存在。

牛顿在伽利略等人工作的基础上进行深入研究，总结出了物体运动的三个基本
定律（牛顿三定律）。在热学领域牛顿确定了冷却定律，即当物体表面与周围有温
差时，单位时间内从单位面积上散失的热量与这一温差成正比。

传热学科学家——雷诺

奥斯本·雷诺（Osborne Reynolds），生于 1842 年 8 月 23 日，卒于 1912 年 2 月

21 日。雷诺曾在曼彻斯特大学担任教授，对工程学和物理学领域的教育产生了深远影响。他的主要贡献集中在流体力学领域，尤其是对流体流动、湍流和黏性流体的研究。他的工作对于理解流体动力学现象产生了深远的影响。他提出了"雷诺数"的概念，这是流体力学中用来描述流体流动状态的无量纲数。这个概念对于理解流体动力学现象非常重要。他还发展了被称为"雷诺平均流动方程"的理论，用于描述湍流流动中的平均速度，这对于理解湍流流动的统计特性非常重要。

2.2　对流传热过程的数学描述

由于对流传热过程的复杂性，描述对流传热现象的微分方程式由下列四组方程式组成。

（1）传热微分方程。对流传热是流动条件下的导热，紊流区的传热只能靠层流层的传导传递，故在层流层内，由傅里叶导热定律可知：

$$dQ = -\lambda \frac{\partial t}{\partial x} dA$$

在紊流区中，由 Newton 公式可知：

$$dQ = \alpha(t_f - t_w) dA = \alpha \Delta t dA$$

由以上两式可得出传热微分方程：

$$\alpha = -\frac{\lambda}{\Delta t} \frac{\partial t}{\partial x} \tag{2-3}$$

（2）导热微分方程。要求出 α，必须知道 $\frac{\partial t}{\partial x}$（边界层的温度梯度），而此参数只有通过流体的导热微分方程得到，描述流体的导热微分方程为：

$$\frac{\partial t}{\partial \tau} + \frac{\partial t}{\partial x} w_x + \frac{\partial t}{\partial y} w_y + \frac{\partial t}{\partial z} w_z = a\left(\frac{\partial^2 t}{\partial x^2} + \frac{\partial^2 t}{\partial y^2} + \frac{\partial^2 t}{\partial z^2}\right) \tag{2-4}$$

式（2-4）对于固体，有 $w_x = w_y = w_z = 0$，即成为固体导热微分方程（式（1-6）），但对流体导热来说，必须解出流体的速度场，这只能通过流体运动微分方程求解。

（3）流体运动微分方程（Navier-Stokes 公式，黏性气体的运动微分方程）。

$$\left.\begin{array}{l} X - \dfrac{1}{\rho}\dfrac{\partial p}{\partial x} + \dfrac{\mu}{\rho}\left(\dfrac{\partial^2 w_x}{\partial x^2} + \dfrac{\partial^2 w_x}{\partial y^2} + \dfrac{\partial^2 w_x}{\partial z^2}\right) = \dfrac{dw_x}{d\tau} \\[3mm] Y - \dfrac{1}{\rho}\dfrac{\partial p}{\partial y} + \dfrac{\mu}{\rho}\left(\dfrac{\partial^2 w_y}{\partial x^2} + \dfrac{\partial^2 w_y}{\partial y^2} + \dfrac{\partial^2 w_y}{\partial z^2}\right) = \dfrac{dw_y}{d\tau} \\[3mm] Z - \dfrac{1}{\rho}\dfrac{\partial p}{\partial z} + \dfrac{\mu}{\rho}\left(\dfrac{\partial^2 w_z}{\partial x^2} + \dfrac{\partial^2 w_z}{\partial y^2} + \dfrac{\partial^2 w_z}{\partial z^2}\right) = \dfrac{dw_z}{d\tau} \end{array}\right\} \tag{2-5}$$

为使方程组封闭，还要考虑流体运动的连续性方程。

（4）连续性方程。

$$\frac{\partial w_x}{\partial x} + \frac{\partial w_y}{\partial y} + \frac{\partial w_z}{\partial z} = 0 \tag{2-6}$$

　　上述诸式是对一切对流传热过程的一般性（数学）描述，它只能给出通解，要得到特解还必须附加单值条件。

 **延伸阅读**

传热学科学家——纳维

　　纳维（Navier）是法国的力学家、工程师。1785 年 2 月 10 日生于第戎，1836 年 8 月 21 日卒于巴黎。纳维的主要贡献是分别为流体力学和弹性力学建立了基本方程。1821 年他推广了欧拉的流体运动方程，考虑了分子间的作用力，从而建立了流体平衡和运动的基本方程。方程中只含有一个黏性常数。1821 年，纳维还从分子模型出发，把每一个分子作为一个力心，导出弹性固体的平衡和运动方程（发表于 1827 年），这组方程只含有一个弹性常数。

传热学科学家——斯托克斯

　　斯托克斯（Stokes），英国力学家、数学家。生于斯克林，卒于剑桥。斯托克斯的主要贡献是对黏性流体运动规律的研究。1845 年斯托克斯从连续系统的力学模型和牛顿关于黏性流体的物理规律出发，在《论运动中流体的内摩擦理论和弹性》中给出黏性流体运动的基本方程组，这组方程后称纳维–斯托克斯方程，它是流体力学中最基本的方程组。斯托克斯还研究过不满足牛顿黏性规律的流体的运动，但这种"非牛顿"的理论直到 20 世纪 40 年代才得到重视和发展。1851 年，斯托克斯在《流体内摩擦对摆运动的影响》的研究报告中提出球体在黏性流体中作较慢运动时受到阻力的计算公式，指明阻力与流速和黏滞系数呈比例关系，这是关于阻力的斯托克斯公式。斯托克斯发现流体表面波的非线性特征，其波速依赖于波幅，并首次用摄动方法处理了非线性波问题。

2.3　相似原理及其在对流传热中的应用

2.3.1　相似原理

　　物理现象相似是指现象的物理本质相同，可用同一数理方程来描述的两种现象。具体是指在几何相似及时间相似前提下，在相对应的点或部位上，在相对应的时间内，所有用来说明两种现象的物理量都互相成比例。两种物理现象相似，则可采用同一原理对两种物理现象进行研究，然后将一种现象的研究结果应用到另一种现象上，这种方法称为相似原理。相似原理是模拟实验研究的基本依据。相似原理指导下的模拟实验研究的步骤是：（1）用方程分析或量纲分析方法导出相似特征数；（2）在模型上进行实验，求出相似特征数之间的关系，即建立特征数方程式；（3）将这些关系推广到与之相似的现象或过程中，揭示现象或过程的规律。

相似原理
（视频）

　　实践证明，采用相似原理指导下的模拟实验研究方法可以解决复杂的自然现象。下面以一组力学相似现象来解释相似原理。

两个受力运动相似的系统都服从牛顿第二定律 $f = m\dfrac{\mathrm{d}w}{\mathrm{d}\tau}$，以上标"'"表示第一个系统的参数，以上标"""表示第二个系统的参数，则：

对系统一，
$$f' = m'\frac{\mathrm{d}w'}{\mathrm{d}\tau'} \qquad (2\text{-}7)$$

对系统二，
$$f'' = m''\frac{\mathrm{d}w''}{\mathrm{d}\tau''} \qquad (2\text{-}8)$$

两现象相似，则对应物量成比例，比值为相似倍数：
$$\frac{f''}{f'} = C_f \quad \frac{m''}{m'} = C_m \quad \frac{w''}{w'} = C_w \quad \frac{\tau''}{\tau'} = C_\tau \qquad (2\text{-}9)$$

表征第二个系统的物理量可以用第一个系统的各量来表示：
$$f'' = C_f f' \quad m'' = C_m m' \quad w'' = C_w w' \quad \tau'' = C_\tau \tau' \qquad (2\text{-}10)$$

将式（2-10）代入式（2-8），得：
$$C_f f' = C_m m'\frac{C_w \mathrm{d}w'}{C_\tau \mathrm{d}\tau'} \text{，即} \frac{C_f C_\tau}{C_m C_w}f' = m'\frac{\mathrm{d}w'}{\mathrm{d}\tau'} \qquad (2\text{-}11)$$

式（2-11）与式（2-7）相比，只有相似常数间存在下列关系才能成立，即：
$$\frac{C_f C_\tau}{C_m C_w} = 1 \qquad (2\text{-}12)$$

将式（2-9）代入式（2-12），整理后得：
$$\frac{f'\tau'}{m'w'} = \frac{f''\tau''}{m''w''} = \cdots = \frac{f\tau}{mw} = Ne \qquad (2\text{-}13)$$

式中，Ne 为牛顿特征数，说明相似的力学现象存在 $\dfrac{f\tau}{mw}$ 这样一个常数，这个常数称为相似特征数，它是由多个物理量组成的一个无量纲的复合数群。因此，相似特征数是按一定物理概念或定律，由多个物理量组合在一起而导出的一个无量纲的复合数群，特征数常以该领域中有关科学家的名字来命名。现象相似则各对应时刻各对应点上的一切物理量均互成比例，比值即为相似倍数，相似倍数之间存在一定关系。

相似特征数的导出方法有：（1）由物理概念或定律导出；（2）由描述现象的微分方程经过相似倍数转换导出；（3）将某些相似特征数进行合理组合，派生出新的特征数。

相似特征数
（视频）

2.3.2　热相似

2.3.2.1　特征数的导出

对于两个相似的对流传热现象，与牛顿特征数的导出类似，由描述对流传热现象的微分方程式（2-3）~式（2-6），通过相似倍数的转换，也可导出一系列相似特征数：
$$\frac{\alpha' l'}{\lambda'} = \frac{\alpha'' l''}{\lambda''} = \cdots = \frac{\alpha l}{\lambda} = Nu \qquad \text{（努赛特数）}$$
$$\frac{a'\tau'}{l'^2} = \frac{a''\tau''}{l''^2} = \cdots = \frac{a\tau}{l^2} = Fo \qquad \text{（傅里叶数）}$$

$$\frac{w'l'}{a'} = \frac{w''l''}{a''} = \cdots = \frac{wl}{a} = Pe \qquad \text{（佩克莱数）}$$

$$\frac{w'\tau'}{l'} = \frac{w''\tau''}{l''} = \cdots = \frac{w\tau}{l} = Ho \qquad \text{（均时性数）}$$

$$\frac{g'l'}{w'^2} = \frac{g''l''}{w''^2} = \cdots = \frac{gl}{w^2} = Fr \qquad \text{（弗劳德数）}$$

$$\frac{p'}{\rho'w'^2} = \frac{p''}{\rho''w''^2} = \cdots = \frac{p}{\rho w^2} = Eu \qquad \text{（欧拉数）}$$

$$\frac{\rho'w'l'}{\mu'} = \frac{\rho''w''l''}{\mu''} = \cdots = \frac{\rho wl}{\mu} = Re \qquad \text{（雷诺数）}$$

除了由微分方程式得到的特征数外，还可以将某些特征数组合，派生出新的特征数，例如由 Pe 与 Re 相比则可得到普朗特数：

$$\frac{Pe}{Re} = \frac{wl}{a}\frac{\mu}{\rho wl} = \frac{\mu}{a\rho} = \frac{\nu}{a} = Pr \qquad \text{（普朗特数）}$$

普朗特数与流体的自身性质有关，是一种物性参数，单原子气体时 $Pr=0.67$，双原子气体时 $Pr=0.7$，三原子气体时 $Pr=0.8$，多原子气体时 $Pr=1.0$。

2.3.2.2 特征数的物理意义

特征数虽然没有量纲，但都具有特定的物理意义，如：

$$Nu = \frac{\alpha l}{\lambda} = \frac{\dfrac{l}{\lambda}}{\dfrac{1}{\alpha}} = \frac{\text{导热热阻}}{\text{对流热阻}}, \; Nu \text{ 增加，表明 } \frac{l}{\lambda} \text{ 增大，而 } \frac{1}{\alpha} \text{ 减小，即对流作用强}$$

烈，Nu 中包含有需要求解的对流传热系数 α，因此只要得到 Nu，即可求得 α。

$$Fr = \frac{gl}{w^2} = \frac{\rho gl}{\rho w^2} = \frac{\text{位能}}{\text{动能}}, \; \text{表示流体流动时的位能与动能之比，} Fr \text{ 增加，说明位能}$$

的作用大于动能，流体趋向于自然流动。

$$Re = \frac{\rho wl}{\mu} = \frac{\text{惯性力}}{\text{黏性力}}, \; Re \text{ 增加，惯性力增大，黏性力所起作用相对减小，说明流}$$

体趋于紊流状态。反之流体趋于层流状态。

2.3.2.3 特征数方程式

由于描述对流传热的微分方程之间存在函数关系，所以它们导出的特征数之间也存在某种关系，这种关系称为特征数方程式。例如稳定态强制对流时（忽略浮升力）存在 $Nu = f(Re)$。

一个现象可导出多个相似特征数，其中某些特征数是由已知的单值条件确定的物理量组成的，这些特征数称决定性特征数，例如 Pr、Fr、Re。另一些特征数的物理量中包含有未知待定物理量，这种特征数称被决定性特征数，例如 Nu、Eu。在与对流传热现象有关的特征数中，Nu 是被决定性特征数，其他特征数都是决定性特征数。决定性特征数决定现象，从而决定被决定性特征数。

2.3.2.4 定性温度与定形尺寸

相似特征数的各物性参数都和温度有关，因此特征数值随所选择的温度而不同，有时选择流体的平均温度，有时选择边界层的平均温度，有时选择壁面的平均温度。因此通常把确定特征数中物性参数的温度称为定性温度。所以，在使用特征数方程式时，要注意决定物性参数的温度的选取。

定形尺寸是指相似特征数中决定过程特性的几何尺寸。例如，流体纵向流过平板时，取板长 L 为定形尺寸，流体横向流过平板时，取板宽 B 为定形尺寸。

2.3.2.5 对流传热的实验公式

根据传热过程的特点不同，对流传热现象的实验公式有多种，此处只介绍少数几种常见的特征数方程式。

A 管内强制对流传热

管内强制对流传热是指流体处于紊流状态的传热现象，此时流体与管壁之间的对流传热可以采用迪图斯玻尔特（Dittus-Boelter）方程：

$$Nu_f = 0.023 Re_f^{0.8} Pr_f^{0.4} \tag{2-14}$$

式中，下标 f 表示以流体的平均温度为定性温度。

适用范围是：（1）光滑长管，且 $l/d>50$，当 $l/d<50$ 时，需要乘以校正系数 ε_l，其值见表2-1；（2）适用的雷诺数范围为 $Re_f = 10^4 \sim 1.2 \times 10^5$，普朗特数范围为 $Pr_f = 0.7 \sim 120$；（3）流体与壁面的温差一般不超过 50 ℃，温差增加时要乘以校正系数 ε_t，$\varepsilon_t = (\mu_f/\mu_w)^{0.14}$，式中，$\mu_f$ 和 μ_w 分别为流体在流体温度和壁面温度下的黏度；（4）管道为直管，对于弯管要乘以校正系数 ε_R，对于气体，$\varepsilon_R = 1 + 1.77d/R$，其中 R 为管的曲率半径，d 为管直径。

表 2-1 校正系数 ε_l 值

Re	l/d								
	1	2	5	10	15	20	30	40	50
1×10^4	1.65	1.50	1.34	1.23	1.17	1.13	1.07	1.03	1
2×10^4	1.51	1.40	1.27	1.18	1.13	1.10	1.05	1.02	1
5×10^4	1.34	1.27	1.18	1.13	1.10	1.08	1.04	1.02	1
1×10^5	1.28	1.22	1.15	1.10	1.08	1.06	1.03	1.02	1
1×10^6	1.14	1.11	1.08	1.05	1.04	1.03	1.02	1.01	1

B 流体掠过平板时的对流传热

根据边界层是层流或紊流两种情况，有不同的计算公式。

层流边界层（$Re<5\times10^5$）时　　　　　　$Nu_m = 0.664 Re_m^{1/2} Pr_m^{1/3}$ （2-15）

紊流边界层（$Re = 5\times10^5 \sim 5\times10^7$）时　　$Nu_m = 0.037 Re_m^{4/5} Pr_m^{1/3}$ （2-16）

式中，定性温度均取边界层的平均温度，即 $t_m = (t_f + t_w)/2$；定形尺寸取平板长度 L。

C 自然对流时的对流传热

流体各部分温度不均造成密度不同所引起的流动称为自然对流。若固体表面与周围流体之间存在温差，假定固体温度高于流体，固体表面的流体因受热密度减小而上升，同时下部的低温流体过来补充，这样就在固体表面和流体之间形成对流传热。自然对流时的特征数方程式具有下列形式：

$$Nu = C(Gr \cdot Pr)_m^n \tag{2-17}$$

式中，Gr 为流体自然流动过程特有的相似特征数，是浮升力与黏性力的比值，称为格拉晓夫数：

$$Gr = \frac{g\beta l^3 \Delta t}{v^2}$$

β 为流体的体积膨胀系数；Δt 为壁面与流体之间的温度差；C 和 n 值可参考表 2-2 选用。此式适用于 $Pr > 0.7$ 的各种流体，定性温度取边界层的平均温度，即 $t = (t_f + t_w)/2$。

表 2-2　特征数方程式（2-17）中的 C 和 n 值

传热面形状和位置		$Gr_m Pr_m$	C	n	定形尺寸
竖平板及竖圆柱（管）		$10^4 \sim 10^9$（层流）	0.59	1/4	高 L
		$10^9 \sim 10^{12}$（紊流）	0.12	1/3	高 L
横圆柱（管）		$10^4 \sim 10^9$（层流）	0.53	1/4	直径 D
		$10^9 \sim 10^{12}$（紊流）	0.13	1/3	直径 D
横平板	热面向上	$1 \times 10^5 \sim 2 \times 10^7$（层流）	0.54	1/4	短边 L
		$2 \times 10^7 \sim 3 \times 10^{10}$（紊流）	0.14	1/3	短边 L
	热面向下	$3 \times 10^5 \sim 3 \times 10^{10}$（层流）	0.27	1/4	短边 L

通过上述特征数方程式解出 Nu，再通过 Nu 的表达式求出其中的对流传热系数 α，最后利用式（2-1）计算出对流传热量。

除了利用以上特征数方程式求解对流传热系数之外，还可以利用经验公式计算 α。例如设备表面和大气之间产生自然对流传热时，传热系数 α 可用式（2-18）计算：

$$
\left.
\begin{array}{ll}
垂直放置时 & \alpha = 2.56\sqrt[4]{\Delta t} \\
水平面向上时 & \alpha = 3.26\sqrt[4]{\Delta t} \\
水平面向下时 & \alpha = 1.98\sqrt[4]{\Delta t}
\end{array}
\right\} \tag{2-18}
$$

式中，t 为固体表面与大气之间的温度差。

 **延伸阅读**

传热学科学家——努塞特

恩斯特·努塞特（Ernst Nusselt）生于 1882 年 11 月 6 日，1957 年 9 月 2 日逝世于德国柏林。他是一位德国工程师，曾在柏林工业大学担任教职，对工程热力学和流体力学方面的研究有很大的贡献。1907 年，努塞特完成了他的博士论文《绝缘物体的导热研究》，之后开始了管道中热量和动力传递的研究。1915 年，努塞特发表了《传热的基本定律》，论文对强制对流和自然对流的基本微分方程及边界条件进行了量纲分析，获得了有关无量纲之间的准则关系，开辟了在无量纲准则关系式的指导下，用实验方法求解对流传热问题的一种基本方法，促进了对流传热研究的发展。

传热学科学家——弗劳德

威廉·弗劳德（William Froude），1810 年 11 月 28 日生于英国德文郡达厅顿，是一名英国造船工程师，曾获皇家学会授予的皇家奖章。1846 年，率先开展船舶流体动力学的研究。1868 年，他用船模进行了船舶运动的一系列试验，并将船模试验中所获得的数据运用于船舶建造。将船舶阻力分为摩擦阻力和剩余阻力。提出当船和船模的速度对长度平方根比值相同时，其单位排水量的剩余阻力相等的定律。这个比值常叫"弗劳德数"。这个定律建立了现代船模试验技术的基础，提高了利用船模试验以估计实船功率的精确度，对船舶设计建造产生重大影响。早期的空气动力学家，也采用类似的技术在风洞中作模型飞行试验。

传热学科学家——欧拉

莱昂哈德·欧拉（Leonhard Euler）是 18 世纪瑞士数学家和物理学家，欧拉在数学、力学和热力学领域都作出了一系列杰出的贡献。他提出了许多关于刚体运动的方程和定理。欧拉方程是描述理想流体运动的基本方程之一。欧拉在温度、热量和热力学过程等方面的研究为热力学的发展提供了理论基础。与欧拉方程在流体力学中的应用相对应，欧拉还提出了在热力学中的一种方程，用于描述气体的膨胀和压缩等过程。欧拉对热力学第一定律的发展也有所贡献。他的工作有助于理解能量守恒的原理，为后来热力学的建立提供了基础。

传热学科学家——普朗特

路德维希·普朗特（Ludwig Prandtl）是一位德国工程师和物理学家，被认为是现代流体力学和空气动力学的奠基人之一。他最为人熟知的成就是他在流体动力学领域的工作，尤其是边界层理论的开发。他的工作主要关注流体的行为、流体动力学方程和边界层现象，而不是热力学的基本原理。普朗特提出了著名的普朗特边界层假设，该假设在解释流体在物体表面的行为以及降低流体动力学问题的复杂性方面起到了关键作用。这一理论对流体动力学和力学领域产生了深远的影响。普朗特因其在流体力学和空气动力学领域的杰出贡献而获得了多个奖项，包括流体力学和燃气动力学领域的最高荣誉之———"梅迪奖"。

沸腾传热
（视频）

2.4 沸腾传热

水在锅炉中的汽化、制冷剂在蒸发器中的蒸发都属于沸腾传热过程。沸腾传热是具有相变的对流传热过程。

液体在受热面上的沸腾可以分为大容器沸腾和受迫对流沸腾。所谓大容器沸腾是指加热壁面被沉浸在无宏观流速的液体表面下所发生的沸腾，这时从加热表面产生的气泡能脱离表面，自由浮升。大容器沸腾时，液体的运动只是由自然流动和气泡扰动引起的。

当液体在压差作用下以一定的速度流过加热管内部时，在管内发生的沸腾称为受迫对流沸腾，有时也称为管内沸腾。受迫对流沸腾时，液体的流速对沸腾过程的影响很大，在加热面上产生的气泡不能自由浮升，被迫与气流一起流动，形成复杂的气-液两相流动结构。

无论是大容器沸腾还是受迫对流沸腾，又都可分为过冷沸腾和饱和沸腾两种状态。当液体的主流温度低于相应压力下的饱和温度，而加热壁面温度已超过饱和温度时，在加热表面上也会出现气泡，发生沸腾现象。但是产生的气泡或者是还没有脱离壁面，或者是在脱离壁面后又会在低于饱和温度的液体中重新凝结成液体，这种沸腾现象称为过冷沸腾。过冷沸腾的机理很复杂，迄今为止对它的研究还很不充分。

当液体的主流温度超过饱和温度，从加热壁面产生的气泡不再被液体重新凝结的沸腾称为饱和沸腾。

沸腾传热的主要特征是在液体内部有气泡产生。因此，对气泡行为的观察和研究是掌握沸腾现象的基础，它有助于认识沸腾传热的本质，有助于理解影响沸腾过程的一些主要因素。下面简要介绍沸腾传热的机理。

2.4.1 大容器沸腾传热

2.4.1.1 沸腾传热的机理

下面分析在沸腾传热过程中气泡产生和存在的条件。

现考察一个存在于沸腾液体内部，半径为 R 的气泡。若气泡在液体中能平衡存在，则必须同时满足力和热的平衡条件。根据力的平衡，气泡内蒸汽的压力和气泡外液体的压力差被作用于气液界面上的表面张力所平衡，如图2-5 所示。作用在面积 πR^2 上的压力差是 $(p_v - p_L)\pi R^2$，作用在长度 $2\pi R$ 上的表面张力为 $2\pi R\sigma$，于是有：

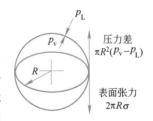

图 2-5　气泡的力平衡

$$\pi R^2(p_v - p_L) = 2\pi R\sigma$$

$$p_v - p_L = \frac{2\sigma}{R} \tag{2-19}$$

式中，p_v 为气泡内蒸汽压力；p_L 为气泡外蒸汽压力；σ 为气液界面的表面张力。

从式（2-19）可以看出，气泡内的压力将大于周围液体的压力。若忽略液柱静压的影响，气泡外液体的压力可以认为近似等于沸腾系统的环境压力，即 $p_L \approx p_S$。而气泡内的压力 p_v 必大于沸腾压力。由于饱和压力与温度是对应的，因此气泡内的压力 p_v 对应的温度 T_v 也必大于沸腾压力 p_S 对应的饱和温度 T_S（$T_v > T_S$）。

根据气泡热平衡条件有：　　　　　$T_v = T_L$

若 $T_v > T_L$，气泡将向液体传出热量，使气泡内一部分蒸汽重新凝结为液体，气泡直径会缩小。反之，若 $T_v < T_L$，液体将向气泡加热，使气-液界面上的液体继续蒸发，气泡直径会增大。因此，气泡既不长大又不缩小的平衡条件必然是 $T_v = T_L$。

从力的平衡得出，$T_v > T_s$，因此：

$$T_L > T_S \qquad (2-20)$$

这就是说，沸腾液体不是通常认为处于饱和状态的，而是必须处于过热状态。由图 2-6 可以看出，除加热壁面附近的薄层液体外，其余部分液体的过热度都比较小。

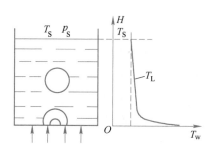

图 2-6   饱和沸腾时的温度分布

通过上面的讨论可以清楚地看出，为了使气泡存在，气泡内的压力必须大于沸腾压力 p_s，超出部分的压差 Δp 是克服表面张力形成蒸汽相必不可少的条件，而 $p_v > p_s$ 又是依靠液体的过热来实现的。把 $T_L - T_S$ 称为过热度，记为 ΔT。从本质上讲，过热度 ΔT 是沸腾现象的推动力。

可以证明，沸腾液体中气泡半径与过热度 ΔT 成反比。在壁面上的那层液体具有最大的过热度。因此在该处能够生存的气泡半径是最小的，用式（2-21）表示：

$$R_{min} = \frac{2\sigma T_S}{r\rho_v(T_w - T_S)} \qquad (2-21)$$

式中，R_{min} 为最小气泡半径；r 为液体的汽化潜热，W/kg；ρ_v 为气体密度；T_S 为平衡温度；T_w 为壁面温度。这就是气泡为什么总是首先出现在壁面上的原因。在一定的沸腾压力和过热度下，半径小于 R_{min} 的气泡是无法生存的，因为它们不具备上面指出的使气泡保持热、力平衡条件。

虽然加热表面是形成气泡的最有利的场所，但是这并不等于说加热表面的任何点都具备产生气泡的条件，在一绝对光滑的表面上是不能产生气泡的。通常气泡只产生在粗糙的加热表面的某些点上，称为汽化核心。哪些地点容易成为汽化核心呢？在沸腾液体中为了形成具有一定气-液界面的气泡，必须消耗一定量的功以克服表面张力的阻碍作用，这部分功称为表面功。由于加热表面不可能绝对平整，总是凹凸不平的。为产生相同半径的气泡，表面凹缝处所需的表面功最小，因为它的侧壁起着依托气泡的作用。此外，凹缝还易于吸附气体使其成为气泡的胚胎。

这样，半径 $R \geqslant R_{min}$ 的气泡在核心处形成后，随着进一步加热，它的体积将不断增大。当气泡长大到某一直径后，作用在气泡上的浮力超过壁面对它的附着力，气泡便脱离加热表面向上浮升，这个直径称为脱离直径。附着力的大小与液体和加热表面的湿润情况有关，当液体能润湿表面时，气泡成球形，只有很少部分与表面粘连，容易脱离。若液体不湿润壁面，气泡附着在壁面上的面积较大，不易脱离。理论上可导出脱离直径的计算公式：

$$d_0 = 0.208\theta\sqrt{\frac{\sigma}{g(\rho_L - \rho_v)}} \tag{2-22}$$

式中，θ 为润湿角。

对于受迫对流沸腾，脱离直径还受流体动压头的影响，气泡在低于式（2-22）的直径就脱离表面。压力对脱离直径的影响也是显著的，压力越高，脱离直径越小。气泡脱离直径越小，气泡产生的频率越高，传热就越强烈。

由于周围的过热液体对上浮气泡的加热，气泡的直径将增大，随着气泡直径的增大，气泡内的蒸汽压力 p_v 必然相应降低，蒸汽温度也对应减少。另外，由于气泡向上浮升，其周围的液体温度将迅速下降。这样，当气泡浮升到其周围的液体温度低于蒸汽温度的位置时，热量将由气泡传出，使气泡重新凝结。这就是过冷沸腾的情况。如果液体的过热度足够高时，气泡能一直浮升到液体表面。在浮升过程中，过热的液体和气泡表面间的传热强度是很高的，其传热系数可达 10^5 W/(m²·K)。因此在浮升过程中气泡体积增长得很快，有时可增大 10 倍以上。这说明沸腾过程中的热量绝大部分是由加热面传给液体，然后再由液体传给气泡。因此，可以把沸腾传热看作是壁面与液体间的传热，并引入沸腾传热系数的概念。

$$\alpha = \frac{q}{t_w - t_S} \tag{2-23}$$

式中，$t_w - t_S$ 为液体的最大过热度。

沸腾过程中，由于气泡在加热表面上产生、长大、脱离，冷流体不断冲刷壁面，使加热壁面邻近的液体层处于剧烈扰动状态，所以对同一种流体而言，沸腾时的 α 总比无相变时的对流传热系数大得多。

2.4.1.2 饱和沸腾曲线

实验观察表明，大容器饱和沸腾随温差 $\Delta T = T_w - T_S$ 的变化出现不同类型的沸腾状态。下面以水沸腾为例说明。图 2-7 是在大气压力下饱和水在电加热的铂丝表面上沸腾时得到的实验结果，下面分区说明。

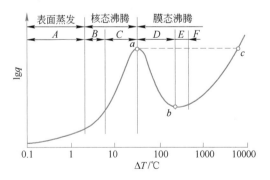

饱和沸腾
曲线（视频）

图 2-7　大气压下的饱和水在大容器内沸腾时的沸腾曲线

区域 A：ΔT 低于 2.2 ℃，加热表面的液体轻微过热，使液体内部产生自然对流，当它浮升到液面时，在液体表面发生蒸发。这一区域属于纯自然对流。

区域 B：$\Delta T \approx 2.2$ ℃。气泡开始在铂丝上出现，由于液体的过热度还不够大，气泡表面脱离后还会重新凝结。

区域 C：随着过热度的增加，加热面产生的气泡迅速增多，并能浮生到液体表面，最后冲破液面进入气相空间。

在区域 B 和 C 中，气泡产生、脱离和浮升使液体受到剧烈扰动，α 急剧增大。由于汽化核心产生的气泡对传热起着决定性的影响，故把 B、C 区域称为核态沸腾（或泡态沸腾）。

区域 D：进一步增加 ΔT，加热面上产生的气泡进一步增多，而且气泡产生得如此迅速，以至于气泡产生的速度大于其脱离加热面的速度，使得它们来不及脱离表面就连接起来，形成一层不稳定的蒸汽膜，覆盖在加热表面上。这层汽膜使沸腾液体与加热面分离。由于蒸汽导热性能很差，汽膜的附加热阻使 α 迅速下降。汽膜在初形成时是不稳定的，随时会被撕破形成大气泡脱离壁面。所以称这个区域为部分核态沸腾及不稳定膜态沸腾。实际上，它是由核态沸腾向膜态沸腾的过渡区。

由核态沸腾向膜态沸腾过渡的转折点 a 称为临界点。临界点上的热流密度、温压和传热系数分别称为临界热流密度 $q_{cr,1}$、临界温压 $\Delta T_{cr,1}$ 和临界传热系数 $\alpha_{cr,1}$。在大气压下水的饱和沸腾 $q_{cr,1}$ 的数量级约为 3×10^6 W/m^2，$\Delta T_{cr,1}$ 略低于 55 ℃。

区域 E：$\Delta T \approx 250$ ℃，一层稳定的汽膜在加热表面上形成，称为稳定膜态沸腾。

由不稳定膜态沸腾过渡到稳定膜态沸腾的转折发生在 b 点，相应的热流密度、温压和传热系数记为 $q_{cr,2}$、$\Delta T_{cr,2}$ 和 $\alpha_{cr,2}$。

区域 F：$\Delta T > 550$ ℃后，α 随 ΔT 的增大又迅速增加，这是由于加热表面对沸腾液体的加热除了依靠通过汽膜的导热外，还以辐射的方式穿过汽膜向液体传递热量。随着 T_w 的提高，辐射传热量占的比例越来越大，所以 α 随之增大。

应该特别强调的是，在恒热流加热的条件下，沸腾传热一旦达到临界点（a 点）后，随着传热系数的下降，必然引起 ΔT 的增大，而 ΔT 的增大又使 α 进一步下降，ΔT 进一步升高。因此沸腾过程由 a 点直接跃至 c 点，如图 2-8 所示。这将引起壁面温度的迅速飞升，以至于有可能超过金属壁面熔化温度，所以 c 点往往称为烧毁点。对于电加热、蒸汽锅炉中炉膛对水冷壁的传热等都要特别

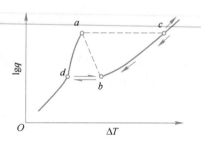

图 2-8 液体沸腾时 q 随 ΔT 的变化

注意，防止烧毁。由于同样的原因，在恒热流冷却时，由稳定膜态沸腾向核态沸腾的过渡将是从 b 点直接跃到 d 点。

2.4.1.3 大容器沸腾传热计算

A 大容器饱和核态沸腾

由于气泡的产生和运动的规律至今仍没有完全搞清楚，特别是在对加热表面状况的定量描述方面还没有很确切的方法。因此核态沸腾过程的理论分析是十分困难的。人们基于大量的实验数据资料，采用相似理论的方法整理出一些特征数方程式。由于核态沸腾的传热机理主要是由气泡高度扰动引起的强制对流，可推荐下面的实验关系式：

$$\frac{c_{pL}\Delta T}{rPr_{L}^{1.7}} = C_{wL}\left[\frac{q}{\mu_{L}r}\sqrt{\frac{\sigma}{g(\rho_{L} - \rho_{v})}}\right]^{0.33} \tag{2-24}$$

式中，c_{pL} 为饱和液体的定压比热容，W/（kg・K）；C_{wL} 为经验常数，取决于加热表面-液体组合的情况，见表 2-3；r 为汽化潜热，W/kg；g 为重力加速度，m/s²；Pr_{L} 为饱和气体的普朗特数，$Pr_{L} = c_{pl}\mu_{L}/\lambda_{L}$；$q$ 为沸腾热流密度，W/m²；ΔT 为壁面与饱和温度间的温差，℃；μ_{L} 为饱和液体的动力黏度，kg/（m・s）；ρ_{L}、ρ_{v} 分别为饱和液体与饱和蒸汽的密度，kg/m³；σ 为液体-蒸汽界面间的表面张力，N/m。

式（2-24）适用于单组分饱和液体在清洁壁面上的核态沸腾。实验表明，对于沾污的表面，式（2-24）中的 Pr_{L} 的指数不是 1.7，而是 0.8～1.2。这也是沸腾传热的实验数据往往分歧很大的原因之一。由于影响核态沸腾传热的主要原因是加热表面的状况而不是表面形状，因此式（2-24）也适用于不同形状的表面。各种表面-液体组合的 C_{wL} 值已由实验求出，示于表 2-3。表 2-4 给出水在各种温度下液体-蒸汽界面的表面张力。对于水来说，按式（2-24）计算传热系数与实际值的最大偏差为 ±20%。

表 2-3　各种表面-液体组合情况的 C_{wL}

表面-液体组合情况	C_{wL}	表面-液体组合情况	C_{wL}
水-铜	0.013	水-金、磨光的不锈钢	0.008
水-黄铜	0.006	水-化学腐蚀的不锈钢	0.0133
乙醇-铬	0.027	水-机械磨光的不锈钢	0.0132

表 2-4　水的液体-蒸汽界面间的表面张力

饱和温度/℃	表面张力 σ/（N・m^{-1}）	饱和温度/℃	表面张力 σ/（N・m^{-1}）
0	75.6×10^{-3}	160	46.1×10^{-3}
15.56	73.2×10^{-3}	290.33	16.2×10^{-3}
37.78	69.7×10^{-3}	360	1.46×10^{-3}
100	58.8×10^{-3}	374.11	0

B　大容器饱和沸腾临界热流密度的确定

临界点的确定对工程实际有重要的意义。$q_{cr,1}$ 的确定不仅涉及沸腾设备的经济性，而且有时还会直接影响设备的安全，热负荷超过 $q_{cr,1}$ 时甚至导致设备的烧毁。对于 $q_{cr,1}$ 的确定曾进行过广泛的研究，下面推荐从流体动力学的观点整理出的关系式：

$$q_{cr,1} = Kr\sqrt{\rho_{v}}\sqrt[4]{g\sigma(\rho_{L} - \rho_{v})} \tag{2-25}$$

式中，$q_{cr,1}$ 为临界热流密度，W/m²；K 为稳定性特征数，对大容器沸腾是常数，$K = 0.13～0.16$。

式（2-25）适用非液态金属的大容器沸腾。$q_{cr,1}$ 的数值随液体的种类而不同，即使对同一种液体还随压力而变化。图 2-9 示出水在大容器沸腾时 $q_{cr,1}$ 随压力变化的情况。从图 2-9 可见，在压力为 6~8 MPa，即大致是 $(0.3~0.4)p_{cr}$ 时，$q_{cr,1}$ 达到最大值。在热力学临界点时，$q_{cr,1}$ 趋于零，其他液体也有大致类似的结果。

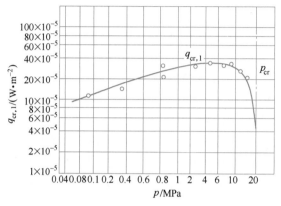

钢材水冷
传热（视频）

图 2-9　水在大容器沸腾时 $q_{cr,1}$ 随压力变化

2.4.2　钢材水冷过程中的传热现象

　　钢材热轧之后，为改善最终组织状态，在不降低钢材韧性的前提下继续提高钢的强度，一般都要采取轧后冷却工艺，称为控制冷却。另外，轧后控制冷却还能缩短热轧钢材在控轧过程中和轧后的冷却时间，提高轧机生产能力。

　　控制冷却就是通过控制钢材轧后开冷温度、冷却速度、终冷温度等工艺参数控制钢材轧后的相变过程，防止奥氏体晶粒长大，从而细化铁素体晶粒。此外，通过控制冷却还能减少组织中网状碳化物的析出量，降低其级别，保持其碳化物固溶状态，以达到固溶强化的目的。通过控制冷却，也可以减小珠光体球团尺寸，改善珠光体形貌和片层间距，从而改善钢材性能。通过控制冷却还可以使钢材获得除铁素体-珠光体组织以外的其他组织，如粒状贝氏体、马氏体等，以满足用户对钢材性能的不同要求。

　　轧后冷却常用介质可以是气体、液体以及它们的混合物。液体冷却介质中以水最为常用，一般情况下，水冷的能力最大，气体的冷却能力最小，气水混合物（气雾）的冷却能力居中。本节将对水冷过程中的传热现象作简要介绍。

　　图 2-10 所示为普通层流水流落到高温钢板表面上的传热情况示意图。根据 Zumbrunnen 提出的冷却水冲击平板时的传热区域划分为单相强制对流区、核态沸腾和过渡沸腾区、膜状沸腾区、小液态聚集区和空冷辐射区。

　　（1）单相强制对流区域：冷却水到达热钢板表面后，在水流下方和几倍宽度的扩展区域内形成具有层流流动特性的单相强制对流区域，也称为射流冲击区域。在该区域内，由于流体直接冲击传热表面，使流动边界层和热边界层大大减薄，从而提高热/质传递效率，因此传热强度很高。

　　（2）核态沸腾和过渡沸腾区域：随着冷却水的径向流动，流体逐渐由层流向湍流过渡，流动边界层和热边界层厚度增加。同时，由于接近平板的冷却水被加热，

开始出现沸腾，形成范围较窄的核态沸腾和过渡沸腾区域。该区域由于沸腾气泡的
存在，带走大量热量，因此仍可有较高的传热强度。

（3）膜状沸腾区：随着加热面上稳定蒸汽膜层的形成，钢板表面出现膜状沸腾
区，在该区域内，由于热量传递必须穿过热阻较大的汽膜，因此其传热强度远小于
前两个区域的传热强度。

（4）小液态聚集区：随着流体的沸腾汽化，在膜状沸腾区之外，冷却水在表面
聚集形成不连续的小液态聚集区。

（5）直接辐射区：小液态聚集区的水最终或被汽化，或从钢板的边缘处流下，
裸露的钢板就直接向空气中辐射热量。这里描述的是在一块钢板的不同部位上有不
同的传热现象。

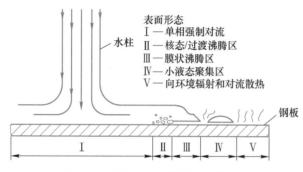

图 2-10　钢板表面局部传热区描述

归纳起来，高温钢材的水冷却方法主要有三种，即喷水冷却（包括小水滴的雾
状冷却和大水滴的喷水冷却等）、连续水流冷却（包括水幕冷却和管层流冷却等）、
浸水冷却（包括湍流管冷却和水槽冷却等），如图 2-11 所示。

图 2-11 彩图

(a)　　　　　　　　　　　(b)　　　　　　　　　　　(c)

图 2-11　钢材水冷方式

（a）盘条喷水冷却；（b）热轧带钢水幕冷却；（c）浸入式淬火水槽冷却

（1）炽热钢块浸入水中时传热系数的变化。当把一块炽热的钢块浸入水中时，
钢块与水之间的传热系数变化如图 2-12 所示。初接触时，钢和水之间的巨大温差引
起迅速热传导，但钢块表面迅速形成隔热的蒸汽膜（膜状沸腾）降低了传热效率。
此后钢件逐渐冷却，待至蒸汽不再稳定地附着在钢块表面时，钢和水重新接触进入
"核沸腾"期，此时产生很大的热传导。随后钢件逐渐变冷，不久就更冷，热传导
再次降低。这里描述的是静态的情况，实际生产中，不仅钢材是运动的，水也是流

动的，如在棒线材生产中广为应用的湍流管，"动"的结果就是钢材表面不易形成蒸汽膜，从而提高了冷却能力。

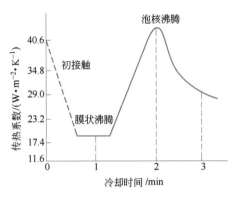

图 2-12   热钢块浸入水中时传热系数的变化

（2）喷水冷却的情况。喷水冷却的水是不连续的水滴或连续的水流，当水流最初冲击到热钢材表面时，由于冷却水过冷度很大，热传导（冷却能力）非常大，并迅速形成一层膨胀的蒸汽层，随后喷来的水滴被这层蒸汽所排斥，此时热传导效果降低，钢材不能很好冷却。

（3）连续水流冷却的情况。连续水流冷却（幕状或管状层流冷却）是以低压的水流连续冲击在一个特定的面上，该表面很难形成稳定的蒸汽膜，表面温度迅速下降。结果在冲击点上产生气泡沸腾，而且这一气泡沸腾区迅速扩展。当冷却水均匀地喷在钢的整个表面时，其边缘在两个方向上受到冷却，边缘的冷却比中心快些，因此气泡沸腾从边部开始逐渐向中心扩展，因此层流冷却有高于一般喷水冷却的冷却能力。但是无论是管层流冷却还是水幕冷却，其击破汽膜的范围都是有限的，仅限于在连续水流正下方的局部区域内，而在这个区域外，在钢板和冷却水之间的界面上仍然有大面积的汽膜存在，因此限制了冷却能力的进一步提高。

（4）热轧钢材生产中使用的各种冷却装置。热轧钢材生产中使用了各种冷却装置，这些冷却装置结构形式、尺寸，冷却设备与轧件之间的距离、角度，水量、水压等都各不相同。按其冷却机理可分为三类。

第一类是单相强制对流传热形式，当前广泛使用的湍流管冷却及管层流和水幕冷却中水冲击区及其附近的小范围属此类。比利时 CRM 研究设计了一种新型的冷却装置 UFC(utra fast cooling) 亦属此类。其要点是：减小管状冷却每个出水管口的孔径，加密出水口，增加水的压力，保证小流量的水流也能有足够的能量和冲击力，能够大面积地击破汽膜。这样在单位时间内就有更多的新水直接作用于钢板表面，大幅度提高传热效率。

第二类是采用膜沸腾的传热形式，管层流和水幕冷却中的主要冷却形式属此类。法国 BERTIN 公司开发的 ADCO 技术（气雾式加速冷却）则是充分利用气流把水分散成液滴，并带到整个钢板表面形成气流膜层，利用不断更新的气流膜层使钢板均匀冷却，采用恒冷却通量控制。

第三类是核沸腾传热形式。日本 JFE 公司开发的 super-OLAC 冷却技术，能够在整个板带冷却过程中实现核沸腾冷却。冷却水从离轧制线很低的集管顺着轧制方向以一定压力喷射到板面，将水与钢板表面之间形成的蒸汽膜和板面残存的水吹扫掉，在带钢表面形成"水枕冷却"（水枕冷却是指高密集的冷却集管，用高水压增加水流量，在钢板表面产生一个湍流拌水层的冷却方式），从而达到钢板和冷却水之间的完全接触，避开了过渡沸腾和膜态沸腾，实现了全面的核态沸腾，提高了钢板与冷却水之间的热交换，达到较高的冷却能力，而且提高了钢板冷却的均匀性。

 延伸阅读

追求真理、敢为人先的科学家——王补宣

　　王补宣（1922—2019），出生于江苏无锡。热工教育家，中国科学院院士，美国纽约科学院院士，中国工程热物理学科的开拓者与传热学带头人。1943年王补宣毕业于西南联合大学机械工程系；1947年7月赴美留学，1949年获得美国普渡大学机械工程系硕士学位；1950年回到中国后担任北京大学工学院副教授；1952年9月调入清华大学任副教授；1956年参与国家长期科学规划动力部分的制定；1957年在清华大学创办中国第一个工程热物理本科专业；1962年参与学科规划工程热物理部分的制定；1978年参与国家科技规划技术科学部分的制定；1981年创建国际太阳能学会中国分组，并担任主席；1982年为研究生培养所撰专著《工程传热传质学》获国家级优秀教材奖。2019年8月31日，王补宣因病医治无效在北京逝世，享年98岁。

　　1939年，在西南联大，胸怀"工业救国"志向的王补宣选择就读机械系。在普渡大学留学时，导师安排他主修热力学和传热学，王补宣由此走入"热"的世界。在新中国高等教育事业和工业发展探索前行的过程中，王补宣承担了多个不同的"工种"——从北大回到清华，从动力机械系到化工系、电力工程系再到后来组建的热能工程系，几十年时间里王补宣还跟工程数学力学系、电机系、环境系、材料系甚至土木系等院系都有过密切的工作联系，有人开玩笑地说他是"百搭"的"万金油"。但是仔细审视他这份看似错综复杂的简历，有两个共同点始终贯穿其中：都和"热"有关系，都为国家教育和相关产业的需求作出了贡献。

　　20世纪50年代，王补宣出版了新中国第一本《工程热力学》教科书，翻译了国内传热学方面的启蒙书——苏联米海耶夫院士的《传热学基础》，并创建了清华大学热工学教研组。在参与国家"十二年科技规划"、筹建"工业热工"专业的过程中，王补宣考虑到国家经济建设需要和清华没有理科的实际情况，萌生了在国内创办工理结合的工程热物理专业的想法，以此强化物理热学基础，培养创新热工研究的高层次人才。在学校的大力支持下，王补宣带领教研组培养出基础扎实、科研探索潜力大的国内首批热物理专业学生。

　　王补宣的学术研究涉及热力学、传热传质学、热物性、动力机械、能源系统规划、热湿环境预示和控制以及模拟监测技术等领域。1963—1966年，他带领师生参与四川化工厂氨合成塔技术改造，面对苏联撤走专家、所有设计图纸和说明书亦付阙如的困境，他们用3年时间创造了单塔日产量翻番的成绩，达到国际上同类型氨

合成塔的高产水平，被列为化工部 1965 年 20 项重大成果首项，并获国务院 1966 年 100 项重大成果奖。为筹建"化工设备"专业，王补宣在不到两年时间里跑遍了北京市郊所有的化工厂。在那段风雨如晦的岁月里，他每次下厂都坚持仔细记下自己观察到的问题和解决方法，这样的工作日记攒了十几本，后来的《工程传热传质学》教材和很多科研课题都由此而来。

20 世纪 70 年代后期，王补宣领导创建中国太阳能学会，组建太阳能学报，组织中国新能源的开发应用，提出"在经济、实惠、牢靠的前提下，把太阳能和生物质能的利用普及起来"的方针。

20 世纪 80 年代，鉴于材料制备中急需快速以至超快速淬冷、核动力水堆失水和复水的紧急事故处理、对高温壁面可靠的保护性冷却，以及对强化沸腾的相变传热和强化、优化雾化环境等具体背景，王补宣领导开展了高速流动膜沸腾和液滴在热壁面上蒸发的机理性研究，在国际上首次提出由于蒸汽膜层的沿途增厚、气液两相密度悬殊可引起纵向压力梯度。独创了气液混相中间层并用以简化分析模型，导出了高速流动膜沸腾的系统理论，运用激光显示技术揭示蒸发液滴内部的蜂窝流动，提出介电常数对蒸发形态的影响机制，得到了划分不同形态的流谱图，发现过细的雾化将使形态的转化反而会显著降低液滴蒸发速度，从而对传统的概念提出挑战。这些开创性的成果获得 1989 年国家自然科学奖。他对多孔介质热湿传递过程进行了系列研究，发展了热质迁移的综合理论，提出同时测定热湿迁移性质的动态、快速新方法，拟定出利用一组实验数据推算其他温度和含湿率下的数据和比对新技术，对毛细滞后现象的经典理论作出新的阐释，还运用多孔体模型导出生物组织传热的基本方程，并据以制订了在体组织热物理性质的测试方法与技术，获国家教委 1992 年科技进步奖（甲类）一等奖。

20 世纪 90 年代，王补宣又在积极推动从宏观向微观过渡的细观热物理超常性的研究，涉及非线性、非均匀性、非热力学平衡性等更多的复杂性，以适应当前高技术向微型化和超快速化深层次发展的需要。

王补宣先生曾获得众多荣誉和奖励，包括 1986 年世界能源协会授予的"能源为人类服务"大奖、1989 年国家自然科学奖三等奖、1998 年何梁何利基金科学与技术进步奖、2010 年亚洲热物性会议终身成就奖、2014 年国家自然科学奖二等奖、2016 年中国传热传质首位终身成就奖。他是我国工程热物理学科的卓越开拓者，为我国工程热物理学科的发展作出了基础性和开创性的贡献。

3 辐射传热

热辐射
（视频）

3.1 辐射传热基本概念

3.1.1 热辐射的本质

辐射与传导、对流的本质不同，传导和对流传递热量需要物体相互接触，而辐射是以电磁波为载体传递能量的过程，不需要任何中间介质，在真空中也能进行热量传递。辐射传热的案例很常见，例如电热器和太阳的传热，如图3-1所示。

(a)　　　　　　　　　　　(b)

图 3-1　辐射传热实例

（a）电热器；（b）太阳传热

图 3-1 彩图

如果物体中带电粒子的能级发生变化，就会向外发射辐射能。辐射能的载运体是电磁波，根据波长不同，电磁波可分为宇宙射线（$\lambda < 1 \times 10^{-7}$ μm）、γ 射线（$\lambda = 1 \times 10^{-7} \sim 1 \times 10^{-5}$ μm）、X 射线（$\lambda = 1 \times 10^{-5} \sim 2 \times 10^{-2}$ μm）、紫外线（$\lambda = 0.014 \sim 0.38$ μm）、可见光（$\lambda = 0.38 \sim 0.76$ μm）、红外线（$\lambda = 0.76 \sim 1000$ μm）和无线电波（$\lambda > 1000$ μm），如图3-2所示。工业温度范围内热辐射最显著的波段是 $0.76 \sim 20$ μm。

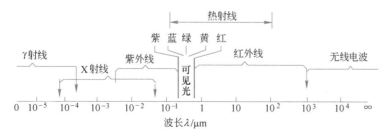

图 3-2　电磁波谱

物体以电磁波（电场和磁场的交替变换）方式向外传递能量的过程称为辐射，被传递的能量称为辐射能。物体会以多种方式激发电磁波，如果物体由于自身温度或热运动而产生电磁波的传播，则称为热辐射。辐射是一切物体的固有特性，只要物体温度高于绝对零度，就会不断地向外辐射能量。物体辐射的能量根据物体温度高低而不同，不仅高温物体向外辐射能量，低温物体也向外辐射能量，所以辐射传热就是物体之间相互辐射和吸收的结果，只要参与辐射的各物体温度不同，辐射传热的差值就不等于零，最终低温物体得到的热量就是热交换的差值。

热辐射机理可采用波动理论和量子理论互相补充说明。波动理论认为热辐射与可见光的本质相同，只是波长不同，传播方式（电磁波）和速度（光速）都完全相同。量子理论认为各种射线都是一群能量微粒（光子），粒子不连续、直线传播，以频率 ν 振动，产生的能量 $e = h\nu = ma^2$，温度越高、振动频率越高，辐射和吸收的能量也越多。

热辐射的
吸收、反
射和透过
（视频）

3.1.2　热辐射的吸收、反射和透过

热辐射与可见光的本质相同，可见光的传播、反射、折射规律同样适用于热辐射。

如图 3-3 所示，设有一束热射线，能量为 Q，投射到物体上以后，一部分能量被物体吸收，一部分能量被反射，另一部分能量透过该物体，按能量平衡关系有：

$$Q = Q_A + Q_R + Q_D$$

$$\frac{Q_A}{Q} + \frac{Q_R}{Q} + \frac{Q_D}{Q} = 1$$

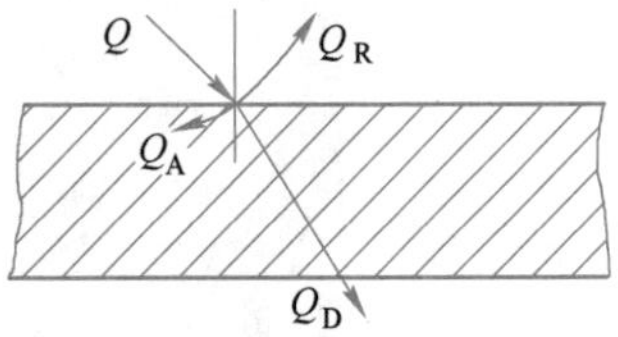

图 3-3　物体对热辐射的吸收、
反射和透过

式中，$A = \dfrac{Q_A}{Q}$、$R = \dfrac{Q_R}{Q}$、$D = \dfrac{Q_D}{Q}$ 分别为该物体的吸收率、反射率、透过率，用符号 A、R、D 表示，则可得：

$$A + R + D = 1 \tag{3-1}$$

当 $R = 0$，$D = 0$，$A = 1$ 时，落在物体上的全部辐射能都被该物体吸收，这种物体称绝对黑体，简称黑体。

当 $A = 0$，$D = 0$，$R = 1$ 时，落在物体上的全部辐射能完全被该物体反射出去，这种物体称绝对白体，简称白体。

当 $A = 0$，$R = 0$，$D = 1$ 时，落在物体上的辐射能全部透过该物体，这种物体称绝对透热体，简称透热体。

如果物体对热辐射射线的反射角等于入射角，形成镜面反射，这样的物体称为镜体。

需要注意，这里的黑体、白体、透热体与黑色、白色和透明色的概念不同，此处的黑体、白体、透热体是相对热辐射射线而言的，而黑色、白色和透明色是相对可见光而言的。如积雪是白色，但不是白体，恰恰相反，它更接近于黑体；玻璃对可见光是透明的，但对热射线几乎是不透过的。大多数工程材料都是不透过热射线的，热射线在物体表面很薄的一层内被吸收，薄层的厚度为 $0.0003 \sim 0.1$ mm，所以 $D = 0$，$A + R = 1$。

　　自然界所有物体的吸收率、反射率、透过率都在 0~1 之间变化，没有绝对的黑体、白体和透热体，这些概念都是为研究问题方便而人为设置的。图 3-4 为绝对黑体模型，在空心物体的壁上开一个小孔，若小孔的面积小于空心物体内壁面积的 0.6%，则所有进入小孔的辐射热射线在孔内多次反射以后，99.6% 以上辐射能被内壁吸收，此小孔就具有绝对黑体的性质。

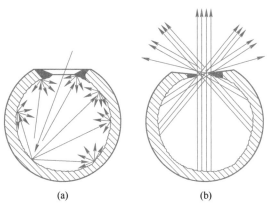

图 3-4　绝对黑体模型

（a）吸收；（b）辐射

3.1.3　物体的辐射能力

　　发射辐射能的物体，单位时间内，单位面积向半球空间发射的全部波长的辐射能量称为辐射能力，常用 E 表示，单位为 W/m^2。

　　发射辐射能的物体，单位时间内，单位面积向半球空间发射的某一单位波长范围内的辐射能量称为单色辐射能力。常用 E_λ 表示，单位为 $W/(m^2 \cdot \mu m)$。

　　辐射能力包括发射出去的波长 $\lambda = 0$ 到 $\lambda = \infty$ 的一切波长的射线，若设 ΔE 代表波长 λ 到 $\lambda + \Delta \lambda$ 范围内的辐射能力，则有单色辐射能力：

$$E_\lambda = \lim_{\Delta\lambda \to 0} \frac{\Delta E}{\Delta \lambda} = \frac{dE}{d\lambda} \tag{3-2}$$

　　显然，辐射能力与单色辐射能力之间存在如下关系：

$$E = \int_0^\infty E_\lambda d\lambda \tag{3-3}$$

 延伸阅读

传热学科学家——维恩

　　1864 年 1 月 13 日，威廉·维恩（Wilhelm Carl Werner Otto Fritz Franz Wien）出生于东普鲁士（现俄罗斯）的菲施豪森，1928 年在慕尼黑去世。1886 年，维恩获得博士学位，论文题目是《光对金属的衍射以及不同材料对折射光颜色的影响》。1887 年，维恩完成了金属对光和热辐射的导磁性实验。在国家物理工程研究所，他与路德维希·霍尔伯恩一起研究用勒夏特列温度计测量高温的方法，同时对热动力

学进行理论研究，尤其是热辐射的定律。1893 年，维恩经由热力学、光谱学、电磁学和光学等理论支撑，提出波长随温度改变的定律，后来被称为维恩位移定律。该定律指出，随着温度的升高，与辐射能量密度极大值对应的波长向短波方向移动。光测温度计就是根据这一原理制成的。1894 年，维恩发表了一篇关于辐射的温度和熵的论文，将温度和熵的概念扩展到了真空中的辐射，在这篇论文中，他定义了一种能够完全吸收所有辐射的理想物体，并称之为黑体。1896 年，他发表了维恩公式，即维恩辐射定律，给出了这种确定黑体辐射的关系式，提供了描述和测量高温的新方法。维恩公式在短波波段与实验符合得很好，但在长波波段与实验有明显的偏离。后来，在进一步探索更好的辐射公式的过程中，普朗克建立了与所有的实验都符合的辐射量子理论。

3.2 辐射传热基本定律

3.2.1 普朗克定律

1900 年，德国物理学家普朗克（M. Planck）根据量子理论，揭示了黑体的单色辐射能力与波长和绝对温度之间的规律，即 $E_{0\lambda} = f(\lambda, T)$，称为普朗克定律，具体表达式为：

$$E_{0\lambda} = \frac{C_1 \lambda^{-5}}{e^{\frac{C_2}{\lambda T}} - 1} \tag{3-4}$$

式中，λ 为波长，μm；T 为温度，K；C_1 为普朗克第一常数，$C_1 = 3.743 \times 10^{-16}$ W·m^2；C_2 为普朗克第二常数，$C_2 = 1.439 \times 10^{-2}$ m·K。

根据式（3-4），普朗克定律可以通过图形直观表达，如图 3-5 所示。由图3-5可

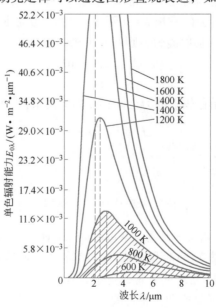

图 3-5 黑体的单色辐射能力

见：（1）黑体的辐射光谱是连续的，其波长范围为 $0 \sim \infty$；（2）当 $\lambda = 0$ 时，$E_{0\lambda} = 0$，随波长增加，单色辐射能力增大，当达到某一值时，$E_{0\lambda}$ 有一峰值，以后又逐渐减小；（3）温度越高，曲线的峰值越向左移，当温度达到 5800 K 时，峰值对应的波长进入可见光区，峰值对应的波长与绝对温度的关系为 $\lambda_{\max} T = 2.896 \times 10^{-3}$ m·K（此式由维恩于 1891 年导出，故也称维恩位移定律）；（4）辐射能力最强的波长范围为 $0.76 \sim 10$ μm，这正是红外线波长范围，处于工业温度范围（$600 \sim 1400$ K）。

3.2.2 四次方定律

根据式（3-2）~式（3-4），可以得到黑体的辐射能力：

$$E_0 = \int_0^\infty E_{0\lambda} \mathrm{d}\lambda = \int_0^\infty \frac{C_1 \lambda^{-5}}{\mathrm{e}^{C_2/(\lambda T)} - 1} \mathrm{d}\lambda = \sigma_0 T^4 \tag{3-5}$$

1879 年，奥地利物理学家 J. Stefan 根据实验确定了 E_0 与 T 的关系；1884 年，L. E. Boltzmann（奥地利物理学家）用热力学理论证明这个公式，故称其为 Stefan-Boltzmann 定律。此式因为与绝对温度的四次方成正比，因此又称为四次方定律，式中，σ_0 为斯特藩-玻耳兹曼常数，$\sigma_0 = 5.67 \times 10^{-8}$ W/(m²·K⁴)。为便于计算，式（3-5）通常写成：

$$E_0 = C_0 \left(\frac{T}{100} \right)^4 \tag{3-6}$$

式中，C_0 为绝对黑体的辐射系数，$C_0 = 5.67$ W/(m²·K⁴)。

四次方定律进一步说明：（1）随着温度升高，物体的辐射能力迅速增大，因此高温时辐射传热所占比例很大；（2）只要绝对温度不为零，物体就会向外辐射能量，对黑体而言，温度确定后，辐射能力只与温度有关。

实际物体的单色辐射能力都小于同温度下黑体在该波长上的单色辐射能力，把实际物体的辐射能力与同温度下黑体的辐射能力之比称为该物体的黑度。黑度也称为辐射率，表示实际物体的辐射能力接近黑体的程度。

$$\varepsilon = \frac{E}{E_{0\lambda}} = \frac{E}{E_0} \tag{3-7}$$

物体的黑度是物体的一种物性参数，取决于物体的材质，也与物体的温度、表面状态等有关，黑度可通过实验测定。

如果物体的辐射光谱是连续的，在任何温度下任何波长的单色辐射能力 E_λ 与黑体在同一波长的单色辐射能力 $E_{0\lambda}$ 之比都是同一数值 ε，这种物体称为灰体。

在温度变化不大时，灰体的黑度可近似地认为不随温度而变，因此四次方定律也适用于灰体，由此可得到灰体的辐射能力为：

$$E = \varepsilon E_0 = \varepsilon C_0 \left(\frac{T}{100} \right)^4 = C \left(\frac{T}{100} \right)^4 \tag{3-8}$$

式中，C 为灰体的辐射系数，W/(m²·K⁴)。

灰体的概念与黑体、白体、透热体的概念相似，都是人为规定的理想概念。实际物体与灰体是有差别的，实际物体的辐射能力随温度及波长的变化极不规则，如图 3-6 所示。这给工程应用带来很大不便，为了应用方便，计算上所取的黑度为所有波长和所有方向上的平均值。工程上常把实际物体近似地当作灰体，因此，实际物体的辐射能力也可采用四次方定律计算。

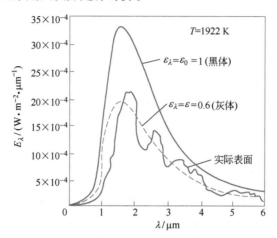

图 3-6　黑体、灰体、实际物体的辐射能力比较

3.2.3　兰贝特定律

四次方定律只说明了一个物体作为辐射源单位表面向半球空间发射的总能量。但究竟有多少能量落在另一个表面上，要考察一下辐射能按空间方向的分布规律，此规律由兰贝特（Lambert）定律阐明。

如图 3-7 所示，1860 年，Lambert 根据对黑体的实验发现：微元面 dA_1 向微元面 dA_2 辐射的能量等于沿 dA_1 法线方向发射的能量 dQ_n 乘以 dA_2 所对应的空间立体角 $d\omega$，再乘以 dA_2 法线方向与 dA_1 法线方向夹角 φ 的余弦，即：

$$dQ_{1-2} = dQ_n d\omega \cos\varphi$$

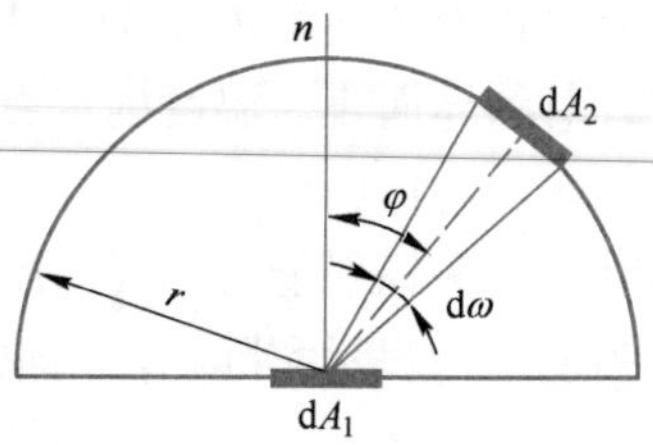

又由于沿 dA_1 法线方向发射的能量 dQ_n 等于沿半球空间发射的总辐射力的 $\dfrac{1}{\pi}$ 倍与微元面 dA_1 的乘积，即：

图 3-7　空间立体角示意图

$$dQ_n = \frac{E_1}{\pi} dA_1$$

空间立体角是指给定方向上微元面的面积除以两微元面距离的平方，即：

$$d\omega = \frac{dA_2}{r^2}$$

以上三式合并得微元面 dA_2 从微元面 dA_1 处得到的能量：

$$dQ_{1-2} = \frac{E_1 \cos\varphi dA_1 dA_2}{\pi r^2} \qquad (3-9)$$

式（3-9）称为兰贝特定律，也称余弦定律。它表明黑体单位面积发出的辐射能落到空间不同方向单位立体角中的能量。严格地说，Lambert 定律只对黑体和灰体是完全正确的，实际物体只是近似地服从该定律，因其黑度随辐射方向而变。例如，对非导电材料，该定律在 $\varphi = 0° \sim 60°$ 范围内正确，$\varphi > 60°$ 时就有偏差。对于磨光的金属表面，只是在 $\varphi < 45°$ 时才遵守兰贝特定律。

3.2.4 克希荷夫定律

1859 年，德国物理学家克希荷夫揭示了物体发射辐射能的能力与吸收辐射能的能力之间的关系，即物体的吸收率与辐射率（黑度）之间的关系。如图 3-8 所示，假设有两个互相平行且相距很近的平面，表面间的介质透热，每个表面辐射出去的能量全部落到另一个表面上。面 1 为黑体，面 2 为灰体，两表面的温度、辐射能力、吸收率分别为 T_0、E_0、a_0 和 T、E、

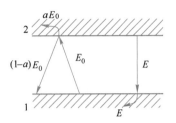

图 3-8　黑体与灰体
表面之间的辐射

a。面 1 辐射的能量 E_0 落在面 2 上被吸收 aE_0，被反射回去 $(1-a)E_0$，到达面 1 被完全吸收；面 2 辐射的能量 E 落在面 1 上被完全吸收，无反射。面 2 热量的收支差额为：

$$q = E - aE_0$$

当体系处于热平衡状态时，$T_0 = T$，$q = 0$，则有：

$$E = aE_0 \quad 或 \quad \frac{E}{a} = E_0 \tag{3-10}$$

式（3-10）说明在平衡状态下，任何物体的辐射能力与吸收率的比值恒等于同温度下黑体的辐射能力，与物体的表面性质无关，仅是温度的函数，这就是克希荷夫定律。结合式（3-7）可得：

$$\varepsilon = a \tag{3-11}$$

式（3-11）表明任何物体的黑度都等于它对黑体辐射的吸收率，说明辐射和吸收在本质上是相同的，只是表现形式不同，即粒子由高能级向低能级跃迁时向外发射热射线，反之则吸收热射线。

 延伸阅读

传热学科学家——普朗克

马克斯·普朗克（1858—1947），出生于德国荷尔施泰因，博士毕业于慕尼黑大学，德国物理学家，"量子力学之父"。普朗克在物理学上最主要的成就是提出著名的普朗克辐射公式，创立了能量子概念。这一发现对于数学、物理学和工程学等领域的发展产生了深远的影响，成为了解析函数的重要工具。普朗克早期的研究领域主要是热力学，他的博士论文就是《论热力学的第二定律》。此后，他从热力学的观点对物质的聚集态的变化、气体与溶液理论等进行了研究。普朗克的另一个鲜为人知伟大的贡献是推导出玻耳兹曼常数 k。

1896 年，普朗克开始对热辐射进行系统的研究。为了解决瑞利-金斯公式只在低频范围符合，而维恩公式只在高频范围符合，1899 年普朗克提出了"基础无序原

理"，并把瑞利-金斯定律和维恩位移定律这两条定律使用一种熵列式进行内插，可以很好地描述测量结果。1900 年 10 月下旬，普朗克在《德国物理学会通报》上发表一篇只有三页纸的论文，题目是《论维恩光谱方程的完善》，第一次提出了黑体辐射公式。12 月 14 日，在德国物理学会的例会上，他作了《论正常光谱中的能量分布》的报告，在报告中指出为了从理论上得出正确的辐射公式，必须假定物质辐射（或吸收）的能量不是连续的，而是一份一份进行的，只能取某个最小数值的整数倍，这个最小数值就叫能量子。受他的启发，阿尔伯特·爱因斯坦于 1905 年提出在空间传播的光也不是连续的，而是一份一份的，每一份叫一个光量子，简称光子，光子的能量 E 跟光的频率 ν 成正比，这个学说被后人称为光量子假说。1906 年，普朗克在《热辐射讲义》一书中系统地总结了他的工作，为开辟探索微观物质运动规律新途径提供了重要的基础。

传热学科科学家——斯特藩

约瑟夫·斯特藩（Josef Stefan），奥地利籍斯洛文尼亚裔物理学家和诗人，他的研究涉猎了七个科学领域，其中包括空气动力学、流体力学、热辐射等。早在斯特藩的研究之前，德国物理学家克希荷夫已经将理想的辐射现象描述为一个"绝对黑体"，即在任何温度下对任何波长的辐射能的吸收率都等于 1 的物体，是一种理想的模型。1879 年，斯特藩通过实验断定：黑体的辐射能力正比于它的绝对温度的四次方。1884 年，这个结论在理论上经玻耳兹曼验证，从而形成了"斯特藩-玻耳兹曼定律"。因为与绝对温度的四次方成正比，因此又称为四次方定律。

传热学科科学家——玻耳兹曼

路德维希·爱德华·玻耳兹曼（德语：Ludwig Eduard Boltzmann，1844—1906），奥地利物理学家、哲学家，出生于奥地利，毕业于维也纳大学。玻耳兹曼是热力学和统计物理的开山鼻祖，一生与原子结缘，但他不是如同汤姆逊、卢瑟福、玻尔那样为单个原子结构建造模型，他研究的是大量原子、分子聚集在一起时候的统计规律。玻耳兹曼最伟大的功绩是发展了通过原子的性质来解释和预测物质的物理性质的统计力学，并且从统计概念出发，完美地阐释了热力学第二定律。普朗克受到玻耳兹曼的影响，在进行关于黑体辐射量子论工作时，他得出辐射定律的理论推论中，便使用了玻耳兹曼的统计力学。爱因斯坦在发表光电效应及狭义相对论的同一年，发表了一篇有关布朗运动的论文，也是在玻耳兹曼统计观念启发下的成果。

传热学科科学家——克希荷夫

古斯塔夫·罗伯特·克希荷夫（Gustav Robert Kirchhoff，1824—1887），德国物理学家，出生于柯尼斯堡（今加里宁格勒）。克希荷夫在柯尼斯堡大学读物理，1847 年毕业后去柏林大学任教，3 年后前往布雷斯劳作临时教授。1854 年由化学家本生推荐任海森堡大学教授。1875 年到柏林大学作理论物理教授，直到逝世。1860 年，克希荷夫做了用灯焰灼烧食盐的实验。在对这一实验现象的研究过程中，得出了关于热辐射的定律，后被称为克希荷夫定律。克希荷夫根据热平衡理论导出，任何物体对电磁辐射的发射和吸收的比值与物体特性无关，是波长和温度的函数，即与吸收系数成正比。并由此判断：太阳光谱的暗线是太阳大气中元素吸收的结果。1862 年他又进一步得出绝对黑体的概念。他的热辐射定律和绝对黑体概念是开辟 20 世纪物理学新纪元的关键之一，普朗克的量子论就发源于此。

3.3 物体表面间的辐射传热

3.3.1 两平行黑体表面组成的封闭体系的辐射传热

如图 3-9 所示，两平行的黑体表面组成的封闭体系，其温度、吸收率和黑度分别为：T_1，$a_1 = \varepsilon_1 = 1$ 及 T_2，$a_2 = \varepsilon_2 = 1$，则面 1 辐射的能量 E_1 落到面 2 被全部吸收，面 2 辐射的能量 E_2 落到面 1 被全部吸收，则面 2 得到热量为：

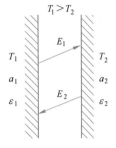

$$q = E_1 - E_2 = C_0\left[\left(\frac{T_1}{100}\right)^4 - \left(\frac{T_2}{100}\right)^4\right] \quad (3\text{-}12)$$

图 3-9 两平行的黑体
表面间的辐射传热

3.3.2 两平行灰体表面组成的封闭体系的辐射传热

如图 3-10 所示，两平行的灰体表面组成封闭体系，其温度、吸收率和黑度分别为：T_1、a_1、ε_1 及 T_2、a_2、ε_2，透过率 $D_1 = D_2 = 0$。

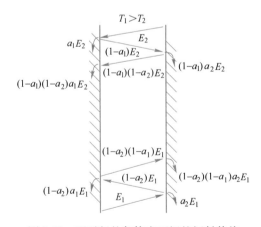

图 3-10 两平行的灰体表面间的辐射传热

要计算两表面间的辐射传热量，需要用按辐射→吸收→反射→吸收 …… 无限循环追计的办法求解，分析如下：

面 1 辐射的能量　　　　　E_1
面 2 吸收的部分　　　　　$E_1 a_2$
面 2 反射回去的部分　　　$E_1(1 - a_2)$

面 1 吸收反射回的部分 $E_1(1-a_2)a_1$

面 1 又反射回的部分 $E_1(1-a_2)(1-a_1)$

面 2 又吸收的部分 $E_1(1-a_2)(1-a_1)a_2$

     $\vdots$

同理：面 2 辐射的能量 E_2

面 1 吸收的部分 $E_2 a_1$

面 1 反射回去的部分 $E_2(1-a_1)$

面 2 吸收反射回的部分 $E_2(1-a_1)a_2$

面 2 又反射回的部分 $E_2(1-a_1)(1-a_2)$

面 1 又吸收的部分 $E_2(1-a_1)(1-a_2)a_1$

     $\vdots$

如此反复吸收和反射，最后被完全吸收。设 $(1-a_1)(1-a_2)=p$，则面 1 自身辐射出去后又回到面 1 被它自身吸收的热量为：

$$E_1(1-a_2)a_1 + E_1(1-a_2)(1-a_1)(1-a_2)a_1 + \cdots$$

$$= E_1(1-a_2)a_1(1+p+p^2+\cdots) = \frac{E_1(1-a_2)a_1}{1-p}$$

面 1 吸收来自面 2 的热量：

$$E_2 a_1 + E_2(1-a_1)(1-a_2)a_1 + \cdots = E_2 a_1(1+p+p^2+\cdots) = \frac{E_2 a_1}{1-p}$$

面 1 热量收支差额为：

$$q = E_1 - \left[\frac{E_1(1-a_2)a_1}{1-p} + \frac{E_2 a_1}{1-p}\right] = \frac{E_1 a_2 - E_2 a_1}{a_1 + a_2 - a_1 a_2}$$

根据四次方定律，$E_1 = C_1\left(\dfrac{T_1}{100}\right)^4$，$E_2 = C_2\left(\dfrac{T_2}{100}\right)^4$，代入上式得：

$$q = \frac{\left(\dfrac{T_1}{100}\right)^4 - \left(\dfrac{T_2}{100}\right)^4}{\dfrac{1}{C_1} + \dfrac{1}{C_2} - \dfrac{1}{C_0}} = C\left[\left(\frac{T_1}{100}\right)^4 - \left(\frac{T_2}{100}\right)^4\right] \tag{3-13}$$

式中，C 为导出辐射系数，$\mathrm{W/(m^2 \cdot K^4)}$。

又因为 $C_1 = \varepsilon_1 C_0$，$C_2 = \varepsilon_2 C_0$，所以有：

$$C = \frac{5.67}{\dfrac{1}{\varepsilon_1} + \dfrac{1}{\varepsilon_2} - 1} \tag{3-14}$$

由此可知，已知 ε_1、ε_2 及 T_1、T_2，即可求得两平行的灰体表面组成的封闭体系的辐射传热量。

3.3.3   任意放置的两灰体表面组成的封闭体系间的辐射传热

若两平面任意放置，面 1 辐射出去的能量不能全部落到面 2 上，问题复杂很多，需引入角度系数和有效辐射的概念才能计算辐射传热量。

3.3.3.1 角度系数

如图 3-11 所示，两微元面 dA_1 和 dA_2 的中心距离为 r，面积和温度分别为 A_1、T_1 和 A_2、T_2，连线 r 与它们的法线的夹角分别为 φ_1 和 φ_2。面 1 辐射出去的能量不能全部落到面 2 上，把面 1 辐射出去的总能量落在面 2 上的份数称为面 1 对面 2 的角度系数，用 φ_{12} 表示。

$$\varphi_{12} = \frac{Q_{12}}{E_1 A_1}, \quad \varphi_{21} = \frac{Q_{21}}{E_2 A_2} \tag{3-15}$$

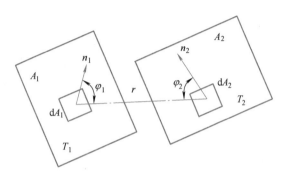

图 3-11　任意放置的两灰体表面间的辐射传热

根据兰贝特定律，两个微元面间的热交换为：

$$dQ_{12} = E_1 \cos\varphi_1 \cos\varphi_2 \frac{dA_1 dA_2}{\pi r^2}, \quad dQ_{21} = \frac{E_2 \cos\varphi_1 \cos\varphi_2 dA_2 dA_1}{\pi r^2} \tag{3-16}$$

对式（3-16）进行积分，得：

$$Q_{12} = E_1 \int_{A_1}\int_{A_2} \frac{\cos\varphi_1 \cos\varphi_2 dA_1 dA_2}{\pi r^2}, \quad Q_{21} = E_2 \int_{A_1}\int_{A_2} \frac{\cos\varphi_1 \cos\varphi_2 dA_1 dA_2}{\pi r^2} \tag{3-17}$$

根据角度系数定义式（3-15），与式（3-17）联立，解得：

$$\varphi_{12} = \frac{1}{A_1} \int_{A_1}\int_{A_2} \frac{\cos\varphi_1 \cos\varphi_2 dA_1 dA_2}{\pi r^2} \tag{3-18}$$

$$\varphi_{21} = \frac{1}{A_2} \int_{A_1}\int_{A_2} \frac{\cos\varphi_1 \cos\varphi_2 dA_1 dA_2}{\pi r^2} \tag{3-19}$$

式（3-18）和式（3-19）为角度系数定义式，从定义式可看到：φ 只与物体表面形状、大小、距离、相互位置等几何因素有关，它是一个纯几何参数。通过式（3-18）、式（3-19）计算十分烦琐，一般应用时只需计算一些简单封闭体系的角度系数，这可利用角度系数的一些特性完成。角度系数具有以下特性。

（1）角度系数的互换性（互变原理）。由式（3-18）和式（3-19）可得：

$$A_1 \varphi_{12} = A_2 \varphi_{21} \tag{3-20}$$

（2）直线传播原则（不能"自见"性）。根据辐射射线直线传播原则可知，平面和凸面辐射出来的能量不能落在自身上，即不能"自见"。

（3）角度系数的完整性。对由几个凸面或平面组成的封闭体系，由于 $Q = Q_{1-1} + Q_{1-2} + Q_{1-3} + \cdots + Q_{1-n}$，所以有：

$$\varphi_{11} + \varphi_{12} + \varphi_{13} + \cdots + \varphi_{1n} = 1 \tag{3-21}$$

根据角度系数的上述特性，可以容易地得到冶金上常见的几种辐射传热情况的角度系数，如图 3-12 所示。

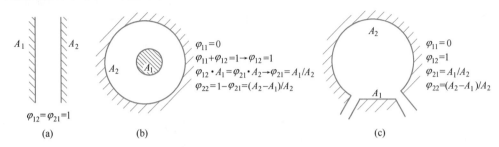

图 3-12　冶金炉常见几种辐射传热情况的角度系数
（a）两平行的灰体表面组成的封闭体系；（b）钢块置于封闭炉膛内加热；（c）炉膛底部与炉墙之间相互辐射

3.3.3.2　任意放置的两灰体表面组成的封闭体系间的辐射传热

为使问题简化，这里引入有效辐射的概念，有效辐射是从指定表面发出的全部辐射能的总和，或离开指定表面的全部辐射能的总和，用 Q_e 表示。

现假设有两个任意放置的表面组成的封闭体系，两表面的温度、吸收率、黑度和面积分别为 T_1、a_1、ε_1、A_1 及 T_2、a_2、ε_2、A_2，透过率 $D_1 = D_2 = 0$。用 φ_{12} 表示面 1 对面 2 的角度系数，用 φ_{21} 表示面 2 对面 1 的角度系数。根据热平衡，一个表面得到的净热量等于投射到该表面的热量减去该表面有效辐射所得的差额，从面 2 之外观察，面 2 得到的净热量为：

$$Q_2 = Q_{e1}\varphi_{12} + Q_{e2}\varphi_{22} - Q_{e2} = Q_{e1}\varphi_{12} + Q_{e2}(\varphi_{22} - 1) = Q_{e1}\varphi_{12} - Q_{e2}\varphi_{21} \tag{3-22}$$

从面 2 之内观察，面 2 得到的净热量为：

$$Q_2 = (Q_{e1}\varphi_{12} + Q_{e2}\varphi_{22})a_2 - E_2A_2 \tag{3-23}$$

解式（3-22）和式（3-23）得：

$$Q_{e2} = Q_2\left(\frac{1}{a_2} - 1\right) + \frac{E_2}{a_2}A_2 \tag{3-24}$$

$$Q_{e1} = Q_1\left(\frac{1}{a_1} - 1\right) + \frac{E_1}{a_1}A_1 \tag{3-25}$$

将式（3-24）和式（3-25）代回式（3-22），并注意面 1 得到的热量应等于面 2 失去的热量，即 $Q_1 = -Q_2$，则：

$$Q_2 = \frac{(E_1 - E_2)A_1\varphi_{12}}{\left(\dfrac{1}{a_1} - 1\right)\varphi_{12} + 1 + \left(\dfrac{1}{a_2} - 1\right)\varphi_{21}} \tag{3-26}$$

根据式（3-8）及式（3-11），$E = \varepsilon C_0 \left(\dfrac{T}{100}\right)^4$，$\varepsilon = a$，代入式（3-26），可得：

$$Q_2 = \frac{5.67}{\left(\dfrac{1}{\varepsilon_1} - 1\right)\varphi_{12} + 1 + \left(\dfrac{1}{\varepsilon_2} - 1\right)\varphi_{21}}\left[\left(\frac{T_1}{100}\right)^4 - \left(\frac{T_2}{100}\right)^4\right]A_1\varphi_{12} \tag{3-27}$$

式（3-27）即为任意放置的两表面组成的封闭体系间的辐射传热。

对于图 3-12 中的第一种情况，将 $\varphi_{12}=\varphi_{21}=1$ 代入式（3-27），则式（3-27）转变成式（3-13）。

对于图 3-12 中的第二种情况，将相应的角度系数值代入式（3-27），则式（3-27）转变为：

$$Q_2 = \frac{5.67}{\dfrac{1}{\varepsilon_1}+\dfrac{A_1}{A_2}\left(\dfrac{1}{\varepsilon_2}-1\right)}\left[\left(\frac{T_1}{100}\right)^4-\left(\frac{T_2}{100}\right)^4\right]A_1 \tag{3-28}$$

例题 3-1 设马弗炉内表面 $A_2=1\ \mathrm{m}^2$，温度为 900 ℃，黑度为 0.8；炉底架子上有两块钢坯互相紧靠着正在加热，坯料断面为 50 mm×50 mm×1000 mm，钢的黑度为 0.7。求金属温度 500 ℃时，炉壁对金属的辐射传热量。

解： 已知 $\varepsilon_1=0.7$，$T_1=500+273=773\,(\mathrm{K})$，$A_1=0.05\times1\times6+0.05\times0.05\times4=0.31\,(\mathrm{m}^2)$；$\varepsilon_1=0.8$，$T_1=900+273=1173\,(\mathrm{K})$，$A_2=1\ \mathrm{m}^2$。

根据图 3-12 第二种情况，坯料与炉壁之间的角度系数：$\varphi_{11}=0$，$\varphi_{12}=1$；$\varphi_{21}=0.31/1=0.31$，$\varphi_{22}=0.7$。

将上述各值代入式（3-27），得：

$$Q_{12}=-Q_{21}=\frac{5.67}{\left(\dfrac{1}{0.7}-1\right)\times1+1+\left(\dfrac{1}{0.8}-1\right)\times0.31}\left[\left(\frac{773}{100}\right)^4-\left(\frac{1173}{100}\right)^4\right]\times$$

$$0.31\times1=-17928\,(\mathrm{W})$$

即炉壁对金属的辐射传热量为 17928 W。

3.4 气体辐射

气体辐射
（视频）

3.4.1 气体辐射特点

气体辐射与固体辐射有明显区别，气体辐射具有以下特点。

（1）气体对热射线的辐射和吸收具有选择性。固体的辐射光谱是连续的，能够辐射 λ 从 $0\sim\infty$ 几乎所有波长的电磁波。而气体只辐射和吸收某些波长范围内的射线。例如 CO_2 和 H_2O 的辐射和吸收各有三个波段，如表 3-1 所示。

表 3-1 CO_2 和 H_2O 的主要辐射波段

波段	CO_2			H_2O		
	$\lambda_1/\mu m$	$\lambda_2/\mu m$	$\Delta\lambda/\mu m$	$\lambda_1/\mu m$	$\lambda_2/\mu m$	$\Delta\lambda/\mu m$
1	2.63	2.83	0.20	2.55	2.83	0.29
2	3.13	3.39	0.36	5.60	7.60	2.00
3	13.0	17.0	3.00	12.0	25.0	13.0

（2）气体对热射线的辐射和吸收在容积内进行。固体对热射线的辐射和吸收在固体表面（$\delta = 0.00001 \sim 0.1$ mm）进行，内部靠传导传热。但对气体来说，当射线穿越气层时，气体在整个容积内对射线边透过边吸收，能量因被吸收而逐渐减弱。

（3）克希荷夫定律同样适合气体辐射。气体的黑度也等于同温度下的吸收率，即 $a_g = \varepsilon_g$，因此气体的黑度也是关于该气体的分压 p、射线行程长度 s 及气体温度 T 的函数。

另外，气体的辐射传热量严格来说不遵守四次方定律，如 CO_2 和 H_2O 的辐射能力分别与其温度的 3.5 次方和 3 次方成正比，但工程上为计算方便仍采用四次方定律，产生的误差在气体黑度中进行修正。

3.4.2 气体的黑度

气体黑度是指气体的辐射能力与同温度下黑体的辐射能力之比，即 $\varepsilon_g = \dfrac{E_g}{E_0}$。实际工程中，$\varepsilon_g$ 通过实验测定，并将实验数据整理成图表，以便查阅，图 3-13 和图 3-14 分别是 CO_2 和 H_2O 的黑度曲线。

混合气体的黑度等于每种气体黑度的代数和，例如对于 CO_2 和 H_2O 混合气体，有：

$$\varepsilon_g = \varepsilon_{H_2O} + \beta \varepsilon_{CO_2} \qquad (3\text{-}29)$$

式中，β 为水蒸气分压校正系数。因水蒸气分压对黑度的影响比平均射线行程长度的影响大，因此，需单独考虑分压的影响，β 的数值可由图 3-15 查出。气体辐射的平均射线行程长度可用式（3-30）近似计算。

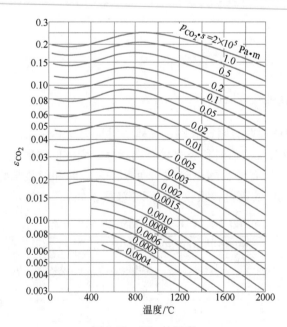

图 3-13　CO_2 的黑度

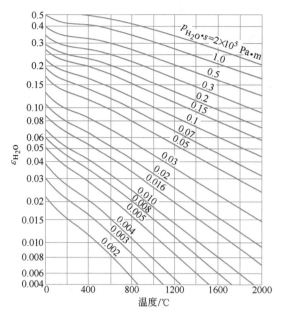

图 3-14　H_2O 的黑度

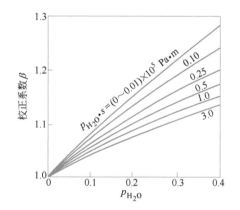

图 3-15　水蒸气分压对黑度校正系数的影响

$$s = 3.6 \frac{V}{A} \qquad (3-30)$$

式中，V 为气体容积；A 为包围气体的表面积。

3.4.3　火焰的辐射

　　气体燃料完全燃烧后，产物中可辐射气体只有 CO_2 和 H_2O（O_2 和 N_2 无辐射能力），由于它们的辐射光谱中没有可见光波段，所以火焰亮度很小，黑度也小，呈淡蓝色或无色，称为暗焰。固体燃料（煤）或液体燃料（重油）燃烧时，火焰中含有大量分解的炭黑、灰粒等固体颗粒，辐射光谱是连续的，所以火焰明亮，黑度也大，称为辉焰，如图 3-16 所示。辉焰辐射能力很强，黑度计算复杂，一般根据经验确定。表 3-2 给出了部分情况下暗焰和辉焰黑度的参考值。

 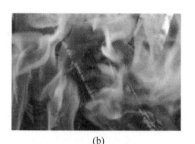

（a）   （b）

图 3-16　暗焰（a）和辉焰（b）宏观形貌

表 3-2　部分情况下暗焰和辉焰的黑度

燃料种类	燃烧方式	ε	燃料种类	燃烧方式	ε
发生炉煤气	二级喷射式烧嘴	0.32	天然气	外部混合烧嘴	0.60~0.70
高炉焦炉混合煤气	部分混合的烧嘴（冷风）	0.16	重油	喷嘴	0.70~0.85
高炉焦炉混合煤气	部分混合的烧嘴（热风）	0.21	粉煤	粉煤烧嘴	0.30~0.60
天然气	内部混合烧嘴	0.20	固体燃料	层状燃烧	0.30~0.35

3.5　火焰炉炉膛内的热交换

　　加热炉炉膛结构示意图如图 3-17 所示，炉膛内的热交换相当复杂，参与热交换过程的物质包括高温炉气、高温炉壁和被加热的金属。三种传热方式同时存在：炉气、炉壁和金属之间相互进行辐射热交换，炉气以对流方式向炉壁和金属传热，金属表面吸收热量后以传导传热方式向内部传热，使金属内能增加温度升高，炉壁又通过导热损失一部分热量。

图 3-17　加热炉炉膛结构示意图

　　对于炉膛内复杂的热交换过程，进行必要的假设后，可以得到用于实际计算的传热公式。这些假设包括：（1）炉膛为一封闭体系；（2）炉气、炉壁、金属的各自温度都是均匀的；（3）辐射射线的密度是均匀的，炉气对射线的吸收率在任何方向上都是一样的；（4）炉气的吸收率等于其黑度，炉壁和金属的黑度不随温度而变化；（5）金属布满炉底，表面不能"自见"；（6）炉壁内表面不吸收辐射热，投射到该表面的辐射全部返回炉膛，此时通过炉壁传导损失的热量近似认为刚好由对流传给炉壁表面的热量来补偿。

根据上述假设，考察炉膛内热交换的机理，如图 3-18 所示。符号 E、T、ε、A 分别为辐射能力、温度、黑度、传热面积；角标 g、w、m 分别代表炉气、炉壁和金属；φ 为炉壁对金属的角度系数，$\varphi = A_m / A_w$；Q_w、Q_m 分别为炉壁和金属的有效辐射；Q 为金属净获的辐射热。

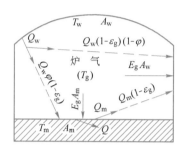

图 3-18　火焰炉炉膛内的热交换

运用有效辐射及热平衡的概念，可以推导出炉膛内辐射热交换的计算公式。

投射到炉壁上的热量有三部分：炉气的辐射 $E_g A_w$，金属的有效辐射 $Q_m(1-\varepsilon_g)$，炉壁的有效辐射投射到自身 $Q_w(1-\varepsilon_g)(1-\varphi)$。

按炉壁不吸收辐射热的假设条件，炉壁的差额热量等于零，也就是炉壁的有效辐射 Q_w 等于投射到炉壁上的热量，即：

$$Q_w = E_g A_w + Q_m(1-\varepsilon_g) + Q_w(1-\varepsilon_g)(1-\varphi) \tag{3-31}$$

金属表面的有效辐射 Q_m 包括三部分：金属本身辐射 $E_m A_m$，金属对炉气辐射的反射 $E_g A_m(1-\varepsilon_m)$ 以及炉壁有效辐射的反射 $Q_w \varphi(1-\varepsilon_g)(1-\varepsilon_m)$，即：

$$Q_m = E_m A_m + E_g A_m(1-\varepsilon_m) + Q_w \varphi(1-\varepsilon_g)(1-\varepsilon_m) \tag{3-32}$$

联立式（3-31）、式（3-32），消去 Q_w，并代入 $\varphi A_w = A_m$，得：

$$Q_m = \frac{E_g A_m(1-\varepsilon_m)\left[1+\varphi(1-\varepsilon_g)\right] + E_m A_m\left[\varepsilon_g + \varphi(1-\varepsilon_g)\right]}{\varepsilon_g + \varphi(1-\varepsilon_g)\left[\varepsilon_m + \varepsilon_g(1-\varepsilon_m)\right]} \tag{3-33}$$

将式（3-33）代入金属的有效辐射公式：

$$Q_m = \left(\frac{1}{\varepsilon_m}-1\right)Q + \frac{E_m A_m}{\varepsilon_m}$$

经过整理，并代入 $E_g = \varepsilon_g C_0 \left(\dfrac{T_g}{100}\right)^4$，$E_m = \varepsilon_m C_0 \left(\dfrac{T_m}{100}\right)^4$，可得到金属净获的辐射热 Q：

$$Q = C_{gwm}\left[\left(\frac{T_g}{100}\right)^4 - \left(\frac{T_m}{100}\right)^4\right] A_m \tag{3-34}$$

$$C_{gwm} = \frac{5.67\varepsilon_g\varepsilon_m[1 + \varphi_{wm}(1 - \varepsilon_g)]}{\varepsilon_g + \varphi_{wm}(1 - \varepsilon_g)[\varepsilon_m + \varepsilon_g(1 - \varepsilon_m)]} \tag{3-35}$$

式中，C_{gwm} 为炉气和炉壁对金属的导来辐射系数，$W/(m^2 \cdot K^4)$；φ_{wm} 为炉壁对金属的角度系数。

式（3-34）及式（3-35）就是炉膛内辐射热交换的总公式，可用于计算以辐射方式传给金属的热量。利用这些公式时，其中某些参数可按下述方法确定。

（1）可以把有关参数代入式（3-35）直接算出系数 C_{gwm}，为方便使用，可用图 3-19 的曲线查出。由式（3-35）可知，C_{gwm} 是关于 ε_g、ε_m 和 φ_{wm} 的函数。图 3-19 是在两种 ε_m 值固定条件下绘成的。$\varepsilon_m = 0.85$ 一组曲线（实线）适用于钢铁的加热，$\varepsilon_m = 0.6$ 一组曲线（虚线）适用于铜铝等有色金属的加热。

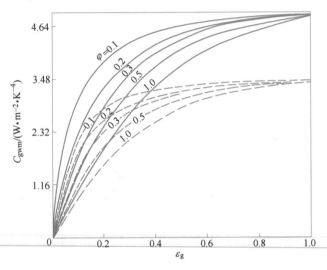

图 3-19   导来辐射系数曲线

（2）φ_{wm} 近似地相当于一个平面和一个曲面组成的封闭体系的情形（图 3-12 后两种情况），角度系数为：

$$\varphi_{wm} = \frac{A_m}{A_w}$$

（3）A_m 为金属的受热面积，在加热炉上可以按式（3-36）计算：

$$A_m = k[n(b + d)l] \tag{3-36}$$

式中，n 为炉底上钢坯数；d 为钢坯直径或宽度，m；l 为钢坯长度，m；b 为钢坯之间的间隙宽度，m；k 为系数，其值取决于比值 b/d，如表 3-3 所示。

表 3-3   钢坯种类对比值 b/d 的影响

钢坯	b/d							
	0	0.25	0.5	0.75	1.0	1.5	2	4
方坯与长方坯	1.0	0.99	0.98	0.95	0.91	0.82	0.74	0.52
圆坯	1.0	0.98	0.97	0.93	0.89	0.79	0.71	0.51

（4）T_g 和 T_m 在端部供热逆流式连续加热炉中，平均温度差可以按式（3-37）计算：

$$\left[\left(\frac{T_g'}{100}\right)^4 - \left(\frac{T_m'}{100}\right)^4\right]_{平均} = \sqrt{\left[\left(\frac{T_g'}{100}\right)^4 - \left(\frac{T_m''}{100}\right)^4\right]\left[\left(\frac{T_g''}{100}\right)^4 - \left(\frac{T_m'}{100}\right)^4\right]} \quad (3-37)$$

式中，T_g'，T_g'' 为炉气开始与离开炉膛时的温度；T_m'，T_m'' 为金属表面开始与加热终了的温度。

在室状炉中，金属温度不随炉长而变，仅随时间变化。炉气与金属表面的平均温度可分别按式（3-38）和式（3-39）计算：

$$T_g = \sqrt{0.88 T_g' \cdot T_g''} \quad (3-38)$$

$$T_m = \psi(T_m'' - T_m') + T_m' \quad (3-39)$$

式中，系数 ψ 取决于比值 T_m''/T_g，如表 3-4 所示。

表 3-4 系数 ψ 的值

T_m''/T_g	0.8	0.85	0.9	0.95	0.98
ψ	0.62	0.64	0.67	0.71	0.75

式（3-34）、式（3-35）是根据对炉膛热交换进行理论分析后导出的，但这个公式比较烦琐。工程上热工计算有时需要一些简洁快速的计算方法，按式（2-1）的形式，可写为：

$$Q = \alpha_\Sigma (T_g - T_m) A \quad (3-40)$$

式中，α_Σ 为综合传热系数，根据下列经验公式确定：

室状加热炉　　　　$\alpha_\Sigma = 0.09\left(\frac{T_g}{100}\right)^3 + (10 \sim 15)$ $\quad (3-41)$

连续加热炉　　　　$\alpha_\Sigma = 50 + 0.3(T_g - 700)$ $\quad (3-42)$

例题 3-2 已知室状炉的炉膛尺寸为 2.0 m×1.3 m×1.2 m。钢坯尺寸为 90 mm×90 mm×1000 mm，20 根并排放在炉底上加热，没有间隙。金属由 0 ℃加热到 1200 ℃，钢表面黑度 $\varepsilon_m = 0.85$。炉墙及炉顶面积为 $A_w = 13.1$ m²。火焰黑度 $\varepsilon_g = 0.55$，燃烧温度为 1750 ℃，废气出炉温度为 1250 ℃。试计算金属得到的辐射热量。

解：$\varphi_{wm} = \dfrac{A_m}{A_w} = \dfrac{20 \times 0.09 \times 1.0}{13.1} = 0.137$。

根据 $\varphi_{wm} = 0.137$，$\varepsilon_m = 0.85$，$\varepsilon_g = 0.55$，由图 3-19 查得：$C_{gwm} = 4.53$ W/(m²·K⁴)。

求平均温度，$T_g' = 1750 + 273 = 2023$(K)，$T_g'' = 1250 + 273 = 1523$(K)，由式（3-38）得：

$$T_g = \sqrt{0.88 \times 2023 \times 1523} = 1647(\text{K}) = 1374(℃)$$

由式（3-39）求 T_m，先求 $T_m''/T_g = 1200/1374 = 0.87$，由表 3-4 查得 $\psi \approx 0.66$，

于是得：

$$T_m = \psi(T''_m - T'_m) + T'_m = 0.66 \times (1200 - 0) + 0 = 792(℃)$$

将以上各值代入式（3-34），得：

$$Q = 4.53 \times \left[\left(\frac{1374 + 273}{100}\right)^4 - \left(\frac{792 + 273}{100}\right)^4\right] \times (20 \times 0.09 \times 1.0)$$

$$= 4.53 \times 60700 \times 1.8 = 49.5 \times 10^4(W)$$

3.6 综 合 传 热

将传热过程分为传导、对流、辐射是为了研究问题方便，实际传热过程通常是两种或三种传热方式的综合，称为综合传热。本节给出简单的综合传热分析过程，并结合实例进行解析。

根据上述分析可知，流体流过固体表面时，流体与固体之间以对流和辐射方式发生热量交换，根据牛顿冷却公式和辐射传热公式，有：

$$q = \alpha_{对}(t_1 - t_2) + C\left[\left(\frac{T_1}{100}\right)^4 - \left(\frac{T_2}{100}\right)^4\right]$$

$$= \alpha_{对}(t_1 - t_2) + \frac{C\left[\left(\frac{T_1}{100}\right)^4 - \left(\frac{T_2}{100}\right)^4\right]}{t_1 - t_2}(t_1 - t_2)$$

$$= \alpha_{对}(t_1 - t_2) + \alpha_{辐}(t_1 - t_2)$$

$$= \alpha_{\Sigma}(t_1 - t_2) \tag{3-43}$$

式中，$\alpha_{对}$为对流传热系数；$\alpha_{辐}$为辐射传热系数；α_{Σ}为综合传热系数。

实际上，式（3-43）只是形式上做了简化，但这样表示有利于分析问题，下面利用此公式对通过平壁的综合传热进行分析。

如图 3-20 所示，有一厚度为 s 的平壁，导热系数为 λ，平壁左侧是温度为 t_1 的气体，与壁面间的综合传热系数为 $\alpha_{\Sigma 1}$；平壁右侧是温度为 t_2 的另一气体，与壁面间的综合传热系数为 $\alpha_{\Sigma 2}$。平壁两侧的温度分别为 t'_1 和 t'_2，如果 $t_1 > t_2$，热量将通过平壁由一侧气体传给另一侧气体。在稳定态传热条件下：温度为 t_1 的气体传给平壁的热量等于通过平壁传导的热量，也等于平壁传给温度为 t_2 的气体的热量，所以有：

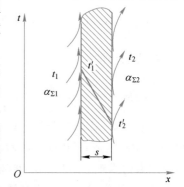

图 3-20 通过平壁的综合传热

$$\left.\begin{array}{l} q = \alpha_{\Sigma 1}(t_1 - t'_1) \\ q = \dfrac{\lambda}{s}(t'_1 - t'_2) \\ q = \alpha_{\Sigma 2}(t'_2 - t_2) \end{array}\right\} \tag{3-44}$$

变形后得：

$$\left.\begin{array}{l} t_1 - t_1' = \dfrac{q}{\alpha_{\Sigma 1}} \\[3mm] t_1' - t_2' = q\,\dfrac{s}{\lambda} \\[3mm] t_2' - t_2 = \dfrac{q}{\alpha_{\Sigma 2}} \end{array}\right\} \tag{3-45}$$

将式（3-45）中三个式子相加得到：

$$q = \frac{t_1 - t_2}{\dfrac{1}{\alpha_{\Sigma 1}} + \dfrac{s}{\lambda} + \dfrac{1}{\alpha_{\Sigma 2}}} = K(t_1 - t_2) \tag{3-46}$$

求出热流 q 以后，代入式（3-45）计算壁面温度 t_1' 和 t_2'：

$$t_1' = t_1 - q\,\frac{1}{\alpha_{\Sigma 1}}$$

$$t_2' = t_2 + q\,\frac{1}{\alpha_{\Sigma 2}}$$

传热系数的倒数称为总热阻，即：

$$R = \frac{1}{K} = \frac{1}{\alpha_{\Sigma 1}} + \frac{s}{\lambda} + \frac{1}{\alpha_{\Sigma 2}} \tag{3-47}$$

由式（3-47）可知，传热的总热阻等于其三个分热阻之和，如果有多层平壁，可以根据热阻叠加的原理计算总热阻和传热系数。

在炉子计算中，计算 $\alpha_{\Sigma 1}$ 比较困难，而测定炉墙内表面温度 t_1' 比测炉气温度容易，因此，可将式（3-45）中的后两式相加，得到：

$$q = \frac{t_1' - t_2}{\dfrac{s}{\lambda} + \dfrac{1}{\alpha_{\Sigma 2}}} \tag{3-48}$$

式中，$\alpha_{\Sigma 2}$ 为炉墙对空气的综合传热系数。

当外壁温度为 100~200 ℃ 时，由于空气条件变化不大，$\alpha_{\Sigma 2}$ 一般为 15~20 W/（m² · ℃），所以 $\dfrac{1}{\alpha_{\Sigma 2}} \approx 0.05~0.07$，式（3-48）变为：

$$q = \frac{t_1' - t_2}{\dfrac{s}{\lambda} + 0.06} \tag{3-49}$$

延伸阅读

抗日救国、学成报国的传热学大师——杨世铭

杨世铭（1925—2017），我国著名工程热物理专家、传热学学科的奠基人和开

拓者之一。他在相变传热、高热负荷表面热电偶测温误差分析、多孔介质中的传热传质问题、有限空间中的自然对流及大空间自然对流流态的转变等方面都做出了开拓性的工作。他的博士学位论文是最早确认被命名为 Jakob 准则的显热与潜热之比这一无量纲数对相变传热影响的文献之一。

1925 年 1 月，杨世铭出生在无锡。1937 年，由于日本侵略者侵占了无锡，12 岁的杨世铭只得跟着舅父从无锡逃难。在逃难的路上，杨世铭目睹了日本侵略者的累累罪行，他幼小的心灵深刻地体会到了当亡国奴的耻辱。1939 年，他进入上海中学的高中部读书。在思想进步同学的影响和进步书报的鼓舞下，他参加了学校进步同学发起的读书会，与同学们一起讨论时事政治、学唱救亡歌曲、介绍新文学等进步书刊。1940 年，在严苛环境下，杨世铭毅然决然地向党组织递交了入党申请书，志愿加入无产阶级的先锋队，成为抗日救国核心力量的一员。1941 年他被批准入党，成为上海中学地下党组织中的一员。在党组织的领导下，杨世铭积极推广、发展进步力量，负责发起救助贫困学生的"助学金运动"，瓦解学校当局企图分化爱国活动和班级进步力量的狼子野心。1941 年底，日军直接控制了租界，日伪勾结，一起制造白色恐怖，党组织急需建立合法据点以保存和隐藏革命同志。杨世铭贯彻、落实党的决定，筹集资金、寻找场地、深入家庭招收学生，克服重重困难，筹建了党的地下工作可靠据点"三一小学"。杨世铭学习成绩优异，具有坚定的爱国心和崇高的党性修养，他于 1942 年 9 月考入交通大学，一边读书一边进行党的地下工作。繁重的学业、艰苦的生活环境和危险的地下工作，使杨世铭长期处于紧绷的思想状态下，他的身体健康被一步步侵蚀，最终病倒，被母亲送到无锡养病。养病期间，杨世铭和党组织失去了联系，交通大学的学业也中断了。

1945 年，杨世铭应聘到上海正泰橡胶厂工作。由于他工作认真、努力，技术实力过硬，受到老板的器重，并被派往国外深造。1948 年，他先在美国法莱尔-伯明翰机器厂学习了重型机器制造技术、生产组织、技术教育和实验研究等各方面的知识。1949 年，他转到凯斯理工大学研究院开展硕士学位的学习。新中国成立后，他满心欢喜，但想到祖国未来的建设需要更多、更先进的知识，因此他加紧学习专业理论知识，争取掌握更多本领，以便将来能够为新中国的发展、建设出更多的力。1950 年，他进入伊利诺理工大学攻读博士，主要研究飞机上防冻的传热问题，沸腾、对流的基本理论问题等。博士毕业后他以优厚的待遇受邀留校工作，但他一直心系祖国，决意回国投入新中国的发展建设当中。

为了限制新中国的发展，美国对中国留学生提出了严格的封锁措施。但这并没有让杨世铭退缩，他制定了多套回国计划。杨世铭了解到其他国家并没有禁止中国留学生回国的情况后，决定实施先到英国读书或工作，然后再经由英国回国的计划。但英国为了刁难他，要求他先取得进入另一个第三国的签证后，才能给英国的签证。经过多番波折他才取得去日本的签证，随后才获得了英国的签证。去英国的手续办好后，美国为了限制他，并不给他出境许可证。但在归国心切的爱国心面前，美国的一切低略手段都是徒劳，杨世铭放弃领取出境许可证，先装作游客前往加拿大，然后转机飞往英国，之后在留英中国学生总会的帮助下，最终回到了祖国的怀抱，投入到祖国的发展建设当中。

在之后的几十年中，杨世铭先生执着追求，勤奋治学，编写、出版了中国学者自行编写的第一本传热教材，培养了包括中国科学院院士陶文铨在内的多名研究生，先后发表科研、教学论文数十篇，为中国高等教育热工教材的建设、热工课程教学大纲的制定作出了不可磨灭的贡献，在传热传质学方面作出了卓越的贡献。

4 金属的加热工艺

金属加热
目的（视频）

加热是金属材料热加工和热处理过程中必不可少的一道工序，其目的是：

（1）提高金属塑性，降低变形抗力，便于对金属进行热加工；

（2）改善金属锭或坯的内部组织；

（3）使金属锭或坯内外温度更加均匀；

（4）改变金属组织状态，为相变做组织准备。

金属的加热质量直接影响成品质量、产量、能耗及相关设备的寿命，因此，对金属进行热加工时应重视加热质量，了解和掌握加热工艺，制订合理工艺参数，避免产生加热缺陷。

金属的加热工艺包括确定加热温度、加热速度、加热时间、炉温制度和炉内气氛等，为正确制订加热工艺，有必要了解金属在加热过程中物理性能和力学性能的变化规律，了解金属在加热过程中可能出现的各种缺陷和缺陷产生的原因及预防措施。本章以下内容的论述以钢铁材料为主，其他金属可参阅相关资料。

4.1 金属的热物理性质与力学性能

4.1.1 金属的导热系数

金属物理和
力学性能
（视频）

导热系数即热导率，单位为 W/$(m \cdot \text{℃})$，是物质的一种物性参数，表示物质导热能力的大小，由物质的自身性质决定，也随物体内部的组织结构、温度、压力及湿度而变化。

金属的导热系数与其化学成分、内部组织、温度、杂质含量及加工条件等有关。一般情况下，纯金属的导热系数高于其合金的导热系数，各种物质的导热系数可以通过实验确定，也可通过相关手册获得。

钢的导热系数和钢的化学成分、显微组织、杂质和夹杂物、温度及加工情况等有关。图 4-1 给出一些典型钢种的导热系数随温度变化的曲线，图中所示钢种成分见表 4-1。

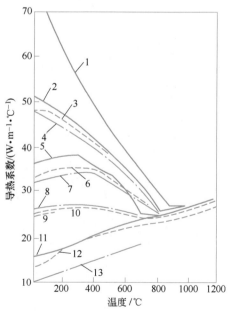

图 4-1　不同钢种导热系数和温度关系

表 4-1　与图 4-1 中导热系数曲线相对应的钢的成分　　　（%）

序号	C	Si	Mn	Cr	Ni	Mo	W
1	纯铁（99.95%Fe）						
2	0.23	0.11	0.63	—	—	—	—
3	0.43	0.20	0.69	—	—	—	—
4	0.31	0.20	0.69	1.09	—	—	—
5	0.32	0.18	0.55	0.17	3.50	—	—
6	0.32	0.55	0.55	0.71	3.40	—	—
7	0.34	0.27	0.55	0.78	3.50	0.39	—
8	0.13	0.17	0.25	13.00	0.14	—	—
9	0.27	0.18	0.28	13.70	0.20	—	0.25
10	0.71	—	0.25	4.30	—	—	18.40
11	0.08	0.29	0.37	19.10	8.10	—	0.60
12	1.22	0.32	13.00	—	—	—	—
13	0.46	1.30	1.20	15.20	26.90	—	2.80

从上述图表可以看出，随碳及合金含量增加，钢的导热系数降低，尤其在 800 ℃以前差别更大。

常温下碳素钢的导热系数可按经验公式（4-1）计算：

$$\lambda_0 = 69.8 - 10.12w_{\mathrm{C}} - 16.75w_{\mathrm{Mn}} - 33.73w_{\mathrm{Si}} \tag{4-1}$$

式中，w_{C}、w_{Mn}、w_{Si} 分别为碳、锰、硅的质量分数。

合金元素的影响规律一般是 C、Ni、Cr 最大，Al、Si、Mn、W 次之，Zr 的影响最小。

温度对导热系数的影响更复杂，在 800 ℃以前，碳钢随温度升高导热系数降低，低合金钢导热系数（$\lambda_{20\,℃} = 33 \sim 35\ \mathrm{W/(m \cdot ℃)}$）也随温度升高而降低，而合金钢导热系数（$\lambda_{20\,℃} = 23 \sim 26\ \mathrm{W/(m \cdot ℃)}$）随温度变化较小。温度高于 800 ℃以后，各钢种的导热系数趋于一致。

钢的显微组织不同时，导热系数也不同，一般说来，珠光体钢的导热性最好，其次是铁素体和马氏体钢，最差的是奥氏体钢。晶粒细化程度对导热系数也有影响，钢中晶粒越细小，晶界、亚晶界和位错密度越高，导热性能相对越差。非金属夹杂物含量越高，钢的导热系数越低。由于钢锭内部存在缺陷，导热性能比轧材差，钢锭经退火后导热系数约增加 50%，钢坯经轧制和锻造退火后导热系数增加 15% ~ 20%。

4.1.2　金属的密度

金属的密度与金属化学成分、组织、温度及加工条件等有关。碳素钢的密度因含碳量不同而不同（7800 ~ 7850 kg/m³），合金钢密度为 7600 ~ 8700 kg/m³，通常将 45 号钢在 20 ℃时的密度 7810 kg/m³ 定为钢的标准密度。室温下钢的密度可按经验公式（4-2）计算：

$$\rho = 7874 + \Delta\rho x \qquad (4-2)$$

式中，x 为钢中杂质的质量分数；$\Delta\rho$ 为杂质增加 1% 时密度的增量，其值如表 4-2 所示。

表 4-2 杂质增加 1% 时钢的密度的变化量

元素	$\Delta\rho/(\mathrm{kg \cdot m^{-3}})$	含量低于此值时适用	元素	$\Delta\rho/(\mathrm{kg \cdot m^{-3}})$	含量低于此值时适用
C	−0.030	1.55	Cr	+0.001	1.2
P	−0.117	1.1	W	+0.095	1.5
S	−0.163	0.2	Si	−0.073	3.0
Cu	+0.011	1.0	Al	−0.120	2.0
Mn	−0.016	1.5	As	+0.100	0.15
Ni	+0.003	5.0			

根据式（4-2）可知，含碳高的钢种密度低些，硫磷杂质含量高时密度降低，含锰、铝及硅的钢密度也稍低，含铬、镍、铜、钨的钢密度高些。

温度升高时，钢的密度会因体积膨胀而降低，此时密度与温度的关系可用式（4-3）表示：

$$\rho_t = \frac{\rho_0}{1 + 3at} \qquad (4-3)$$

式中，ρ_0、ρ_t 分别为 0 ℃ 和 t ℃ 时的密度；a 为钢的线膨胀系数。

此外，内部组织状态也影响钢的密度，例如铸锭内部存在大量气泡、缩孔等缺陷，密度比轧材低。冷轧后的钢材内部出现大量位错和亚晶，密度比退火后的钢材低。马氏体组织钢的密度比珠光体、奥氏体和铁素体组织钢的密度低一些。

4.1.3 金属的比热容

钢的比热容与化学成分、组织结构、温度等有关。在 100 ℃ 以下至室温，钢的比热容可按式（4-4）计算：

$$c_p = 0.46618 + 0.019093w(\mathrm{C}) \qquad (4-4)$$

式中，c_p 为钢的比热容，$\mathrm{kJ/(kg \cdot ℃)}$；$w(\mathrm{C})$ 为钢中碳质量分数，%。

碳钢的平均比热容随钢中碳质量分数及温度的变化规律如图 4-2 所示。

根据图 4-2 中数据可知，钢中化学成分对比热容影响不大，但温度的影响比较大。不论碳钢还是合金钢，比热容均随温度的升高而增大，特别是在 800 ℃ 以下更为明显，温度超过 900 ℃ 后，比热容变化不大，即比热容在相变温度范围内波动较大。

4.1.4 导温系数

导温系数也称为热扩散系数，它表示物体在加热或冷却时温度传播的快慢程度。当考虑温度影响时，导温系数可表示为：

$$a(t) = \frac{\lambda(t)}{c(t)\rho(t)} \qquad (4-5)$$

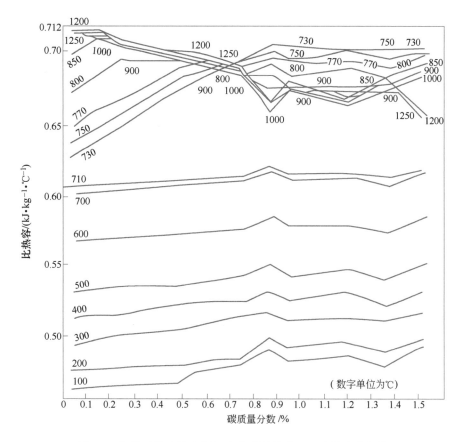

图 4-2 钢的平均比热容随钢中碳质量分数及温度的变化规律

室温下，碳素钢的导温系数在 $0.04 \sim 0.06 \ \mathrm{m^2/h}$，合金钢的导温系数在 $0.02 \sim 0.04 \ \mathrm{m^2/h}$，图 4-3 给出了一些钢种的导温系数随温度的变化曲线，表 4-3 是对应的钢种成分。

从图 4-3 中可见，导温系数随温度升高而降低，在 700~1000 ℃时有最低值，随后又稍有回升，高温时，各种钢的导温系数趋于一致。

4.1.5 金属的力学性能及其与温度的关系

金属被加热时，由于各部分之间产生温度差而形成温度应力，与此温度应力相关的是弹塑性指标和变形抗力指标。

金属的弹性取决于拉伸时的弹性模量 E 和泊松比 ν。ν 表示试样断面收缩与纵向伸长之比，各种金属的 ν 值波动在 $0.28 \sim 0.45$，钢的泊松比 $\nu = 0.3$。弹性模量取决于金属的化学成分及温度。通常金属的弹性模量随温度的升高而减小，图 4-4 为钢的弹性模量 E 随温度的变化关系。从图中可以看出，钢在 500 ℃时的 E 值比常温下小 30%，超过 550 ℃时，碳钢失去弹性而进入塑性范围。

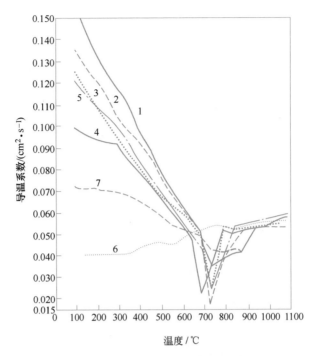

图 4-3　钢的导温系数随温度变化关系

表 4-3　与图 4-3 中曲线对应的钢种成分

序号	钢种	成分（质量分数）/%						
		C	Si	Mn	Cr	Ni	V	W
1		0.08	0.08	0.31				
2	普碳钢	0.23	0.11	0.63				
3		0.80	0.13	0.32				
4	低合金钢	0.33	0.18	0.55	0.17	3.37		
5		0.32	0.20	0.69	1.09			
6	高合金钢	0.08	0.68	0.37	19.18	8.13		0.60
7		0.72	0.30	0.25	3.26		1.08	18.35

　　金属的塑性指金属在外力作用下产生永久变形而不破坏的能力，它可用相对伸长率 A、断面收缩率 Z、冲击韧性 a_K 来表示，A、Z 和 a_K 值越大，表示金属的塑性越好。

　　一般情况下，金属的塑性随着温度的升高而增加，但如果材料内部组织结构或相态发生变化，金属的塑性可能出现波动，图 4-5 为温度对碳钢塑性的影响曲线，图中Ⅰ、Ⅱ、Ⅲ、Ⅳ为塑性降低区，1、2、3 为塑性增高区。Ⅰ区为低温脆性区，由低温导致原子热运动能力变差所致。Ⅱ区为蓝脆区，位于 200~400 ℃ 范围，是由位错被扩散的碳、氮间隙原子锚固后形成柯垂耳气团导致的。Ⅲ区为红脆（热脆）区，位于 800~950 ℃ 范围，是由于钢中的硫与铁形成低熔点的 FeS（熔点 1190 ℃）在晶界析出造成的塑性和韧性下降。Ⅳ区为过热过烧区，接近金属的熔化温度，晶

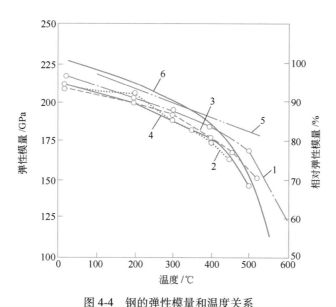

图 4-4　钢的弹性模量和温度关系

1，2—碳钢（$w(C) = 0.1\%$）；3，4—合金钢；5—低合金钢；6—相对弹性模量

粒迅速长大，晶界发生氧化，晶间强度大大减弱。区域 1 位于 100~200 ℃ 范围，塑性增加是温度升高导致原子活动能力增强的缘故；区域 2 位于 700~800 ℃ 范围，塑性增加是由于回复和再结晶作用；区域 3 位于 950~1250 ℃ 范围，塑性增加是由于钢的组织为均匀的奥氏体组织。

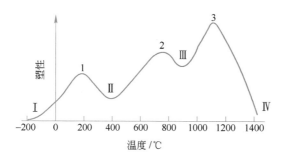

图 4-5　变形温度对碳钢塑性的影响

　　塑性加工时金属抵抗变形的能力称为变形抗力。变形抗力与塑性是两个不同的概念，塑性反映金属变形的能力，变形抗力则反映金属变形的难易程度，金属的塑性好，变形抗力不一定低，反之亦然。通常用单向拉伸时的屈服极限 σ_s 作为金属变形抗力的指标，σ_s 越小表示其变形抗力越小。当金属无明显的屈服点时，一般以塑性变形 0.2% 时所对应的应力 $R_{p0.2}$ 来代替，有时也用强度极限 R_m 代替高温状态下的 σ_s 值，因为这时 R_m 和 σ_s 比较接近。金属的变形抗力一般随温度的升高而下降，图 4-6 为低碳钢在不同温度下的拉伸曲线。从图可知，随温度升高低碳钢的强度在 300 ℃ 之前下降不多，超过 300 ℃ 之后明显下降。

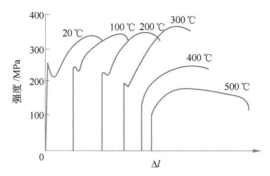

图 4-6   低碳钢在不同温度下的拉伸曲线

4.2　金属的加热

4.2.1　金属的加热温度

加热温度
（视频）

　　金属的加热温度是指金属在炉内加热完毕出炉时的表面温度。对金属热处理而言，加热是为了改变金属内部组织，加热温度主要根据与相变过程有关的热处理工艺要求来决定。而金属热加工时所需加热是为了获得良好的塑性和较小的变形抗力，加热温度主要根据热加工工艺要求、金属的塑性和变形抗力等性质、热加工设备性能以及能量消耗等方面来确定。一般来说，钢的加热温度需要参考 Fe-C 合金状态图、塑性图、变形抗力图、再结晶图，同时考虑热加工工艺、产品质量以及能量消耗等方面综合确定。

4.2.1.1　合金状态图的影响

　　金属的状态相图取决于金属的化学成分，对于碳钢和低合金钢，可以根据 Fe-C 平衡相图确定出钢加热温度的上限和下限，即一般应在 Fe-C 平衡相图中的奥氏体温度范围内进行热加工，因为单相奥氏体具有最好的塑性，如图 4-7 所示。据此，钢加热温度的上限理论上应该是 Fe-C 平衡相图中固相线温度，实际上不可能达到这么高，必须考虑其他限制因素。例如，温度越高，氧化烧损越严重，过热过烧及粘钢的可能性越大、脱碳倾向越大，对加热设备的要求也越高，吨钢能耗增加，钢的组织粗化等，因此，钢加热温度上限一般比固相线低 100~150 ℃。表 4-4 是碳素钢的最高加热温度和理论过烧温度。钢加热温度也不能太低，理论上应该是 Fe-C 平衡相图中 A_{c_3} 和 A_{ccm} 线的温度，实际上也不能这么低，加热温度下限必须保证钢在热加工末期仍能保持一定的温度（即终轧温度），因为低于此温度加工时，钢的塑性变差，变形抗力升高，同时，会因相变造成内应力过大而使钢材出现内部或表面裂纹，为此，通常比 A_{c_3} 线高 30~50 ℃。根据终轧温度再考虑到钢在出炉和加工过程中的热损失，便可确定钢的最低加热温度。终轧温度对钢的组织和性能影响很大，终轧温度越高，轧后晶粒聚集长大的倾向越大，奥氏体晶粒越粗大，钢的力学性能越低。所以，终轧温度也不能太高，最好在 850 ℃ 左右，不要超过 900 ℃，也不要低于 700 ℃。

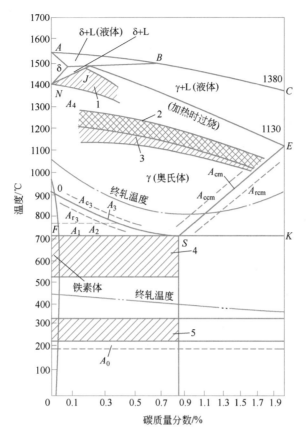

图 4-7 加热温度在铁碳平衡图中的位置

1—锻接温度区；2—钢轧制前加热温度区；3—开轧温度区；
4—临界点卜的热加工温度区；5—蓝脆温度区

表 4-4 碳素钢的最高加热温度和理论过烧温度

碳质量分数 /%	最高加热温度 /℃	理论过烧温度 /℃	碳质量分数 /%	最高加热温度 /℃	理论过烧温度 /℃
0.1	1350	1390	0.9	1120	1220
0.2	1320	1370	1.1	1080	1180
0.3	1250	1350	1.5	1050	1130
0.4	1180	1280			

对于高合金钢来说，合金元素的加入对于加热温度的影响很大，表现在合金元素对奥氏体区域和碳化物的影响。某些合金元素，如镍、铜、钴、锰，它们具有与奥氏体相同的面心立方晶格，都可无限溶于奥氏体中，使奥氏体区域扩大，钢的终轧温度可以相应低一些，同时因为提高了固相线，开轧温度（最高加热温度）可以适当高一点。另外一些合金元素，如钨、钼、铬、钒、钛、硅等，它们的晶格与铁素体相同，可无限溶于铁素体中，它们的加入缩小了奥氏体区域，要保证终轧温度还在奥氏体单相区内，就要提高钢的最低加热温度。

另外，一些高熔点合金元素的加入，如钨、钼、铬、钒等，与钢中的碳结合形成碳化物，碳化物的熔点很高，可以适当提高这类钢的加热温度。

4.2.1.2 塑性图及变形抗力图的影响

根据塑性图，应使金属热加工时处于塑性最高的温度范围内。图 4-8 为 W18Cr4V 钢的塑性图，由图可见，在 900~1200 ℃ 范围内，W18Cr4V 钢具有最好的塑性，故可将 W18Cr3V 钢锭加热温度定在 1230 ℃，超过此温度，钢锭在加工时易产生裂纹。另外，W18Cr4V 钢变形终了温度不应低于 900 ℃，否则钢的强度显著增大，设备负荷明显增加，甚至不能进行塑性加工。

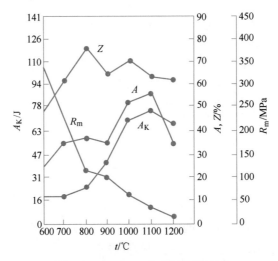

图 4-8 W18Cr4V 高速钢的塑性图

根据变形抗力图，应使变形处于抗力最低的温度区间进行热加工。图 4-9 为 304 不锈钢和 20 钢的变形抗力图，由图可见，这两种钢的变形抗力都是随着温度升高而降低，压力加工时应选择变形抗力较低的区域进行。

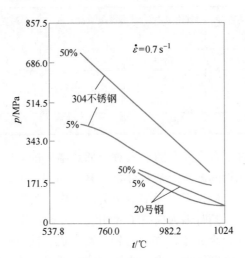

图 4-9 304 不锈钢与 20 号钢的变形抗力图

另外，有些钢种在高温段存在脆性区，因此最合适的加热温度应该避开这个区域。例如，工业纯铁温度处在 1100～1300 ℃ 时具有最好的塑性；当温度在 850～1100 ℃ 时，工件出现热脆现象，这时不能进行热加工，否则工件将破裂；当温度继续下降到 600～855 ℃ 时，工件又具有较高的塑性，又可以继续进行压力加工。有人认为这是钢中含有的硫引起的，有人认为是由于 γ 铁转变为 α 铁时塑性降低，而完全转变为 α 铁后塑性又增加了。又如 Cr17Ni2 钢在 870～1020 ℃ 也出现塑性降低现象，如图 4-10 所示，在这种情况下热加工温度应选在 1250 ℃ 以上。

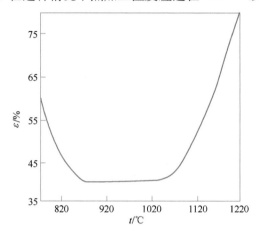

图 4-10   Cr17Ni2 合金钢塑性图

4.2.1.3 热加工工艺的影响

热加工工艺对加热温度也有一定影响。对可逆轧机而言，轧制道次越多，中间温降越大，加热温度应稍高些。当钢坯的断面尺寸较大时，轧机咬入比较困难，轧制道次也多，加热温度应高一些。连轧时，轧制速度越高，间隙时间越短，中间温降越小，加热温度可适当降低。例如，高速线材轧制时，由于轧制速度很高（精轧时轧制速度可以达到 100 m/s 以上），由塑性变形功转变的热量来不及散失，会使钢的温度迅速上升，为此必须进行穿水冷却，此时，坯料的加热温度也应适当降低。无缝管坯穿孔时，管坯内部变形量很大，热量难以及时散出，管坯温度升高，所以加热温度要低一些，否则就会造成穿孔破裂。

4.2.1.4 产品质量

加热温度和加热质量直接影响热加工后的成品质量。在控制轧制的微合金钢中，随着加热温度的提高及保温时间的延长，奥氏体晶粒长大的倾向增大，经过塑性变形后，成品的晶粒尺寸也比较粗大，导致成品力学性能变差。此外，加热过热、过烧、脱碳比较敏感的钢种时，应根据实践经验确定加热温度。

4.2.1.5 能量消耗

钢坯出炉温度偏高时，不仅对钢材质量不利，而且也浪费能量。一般来说，由于轧制温度偏低所多耗的电能比提高加热温度所消耗的热能要少得多，经济上更合算。因此，近年来钢厂都比较推崇低温加热和低温开轧，通过控制出钢速度与加工速度的匹配，控制炉温水平和分布，把出钢温度控制在较低范围内以降低能耗。

总之，影响加热温度的因素很多，有时各种因素之间甚至是互相矛盾、互相制约的。因此，在针对某一具体钢种确定加热温度时，必须在理论指导下具体问题具体分析，并且往往要进行反复实验，不断总结经验才能最后制定出比较合适的加热温度。表 4-5 和表 4-6 分别给出了低合金钢和高合金钢在锻压加工前的加热温度。

表 4-5　低合金钢的加热温度

钢　种	加热温度/℃	钢　种	加热温度/℃
20Mn	1220~1250	20MnSiVB	1190~1220
30Mn	1180~1210	30MnSiNb	1170~1190
20Cr	1220~1250	30Mn2MoV	1140~1190
30Cr	1140~1190	30CrMnSiA	1170~1200
30SiMnCrMoV	1170~1200	12CrMo	1200~1230
35CrMn	1180~1210	12CrMoV	1200~1230

表 4-6　高合金钢的加热温度

钢　种	加热温度/℃	钢　种	加热温度/℃
T7~T10、T8Mn	1130~1180	2~3Cr13、3Cr10Si2Mo	1180~1220
T11~T13	1130~1170	D31、D41	1000~1050
40Si2Mn	1170~1190	70Si3Mn	1130~1180
GCr15、GCr15Mn	1180~1220	7~8Cr2、3~4CrW2Si	1130~1180
0Cr13、0~2Cr18Ni9	1180~1220	W9Cr3V、W12Cr3V3Mo	1130~1180
3Cr9Si2、Cr11MoV、Cr5Mo、1Cr13	1180~1210		

加热速度
（视频）

4.2.2　金属的加热速度

加热速度是指单位时间内，金属表面温度升高的度数，单位为℃/h 或℃/min；有时也用单位时间内加热钢坯的厚度表示，单位为 mm/min；或用单位厚度的钢坯加热所需时间表示，单位为 min/mm。

从提高生产率角度考虑，一般希望加热速度越快越好，而且加热时间越短，金属的氧化烧损也越少。但是提高加热速度受到一些因素的限制。根据毕渥数，可以判断金属在炉内加热时属于"薄材"还是"厚材"。对于"薄材"来说，因其内外温度近似均匀，加热速度仅受炉子供热能力的限制。但对"厚材"来说，加热速度受到两方面的限制：一方面是炉子的供热能力；另一方面是加热初期和加热后期金属本身允许的内外温差。

钢在加热过程中，由于金属本身的热阻，不可避免地存在内外温差，表面温度总比中心温度升高得快，这时表面的膨胀要大于中心的膨胀，表面遭受压应力，而中心遭受张应力，于是在钢的内部产生了温度应力，也称热应力。对于钢材来说，抗张强度比抗压强度要小，因此，张应力比压应力的危害更大。热应力的大小取决于温度梯度，加热速度越快，内外温差越大，温度梯度越大，热应力就越大。如果这种应力超过钢的强度极限，钢的内部就会产生裂纹，所以加热速度要限制在应力允许的范围内。但是，钢中的温度应力只有在一定范围内才是危险的。

除了加热时内外温差所造成的热应力外，金属在冷却过程中，由于表面冷却较快产生收缩，中心冷却较慢妨碍表面收缩，因此，表面受张应力，中心受压应力，不过此时金属温度较高，金属本身会通过塑性变形而使温度应力得到松弛。等到表面冷却到周围介质温度，而中心温度尚高时，中心温度的进一步降低就会对表面施加压应力，此时中心则受到表面层的张应力作用，等到整个金属内外温度完全相等时，在金属内部仍然存在应力，这种应力称为残余应力。残余应力的大小还和其他因素有关，如钢中的气体、偏析、缩孔、夹渣、碳化物等均能造成残余应力。为了减小钢锭或钢材在冷却时产生的残余应力，实际生产中常采取缓冷或退火处理。

此外，金属在冷却过程中产生相变时，常常伴有体积变化，如钢淬火时，奥氏体转变为马氏体，体积膨胀也会造成不同部位之间产生内应力，称为组织应力。这些应力如果很大，也会使金属产生裂纹或断裂。

实践表明，单纯的温度应力往往还不致引起金属的破坏，大部分破坏是由残余应力、温度应力、组织应力中两种或三种应力叠加导致的。例如，冷锭入炉加热时，由于之前钢锭冷却后产生的残余应力是中心受张应力，表面受压应力，重新入炉加热时，表面因膨胀继续迫使中心继续受张应力，亦即残余应力与温度应力的方向是一致的，这就加剧了温度应力的作用，很可能导致钢锭开裂。

金属加热到后期，加热速度还要受到断面温差的限制，即断面温差必须达到加工工艺规定的断面温度均匀性要求，否则加工过程中就会出现变形不均匀、超差，甚至出现芯部、表面或边角裂纹等现象。一般情况下，钢在加热时允许的断面温差为：

$$\frac{\Delta t_x}{s} = 100 \sim 300 \qquad (4\text{-}6)$$

式中，Δt_x 为钢最终加热时的断面温差，℃；s 为钢加热时的透热深度，m。

允许的断面温差随钢的塑性而有所不同，对于低碳钢，$\Delta t_x/s$ 值可以适当大一些，对于高碳钢和合金钢，$\Delta t_x/s$ 值应该小一些，实际生产中断面温差一般控制在 $30 \sim 50$ ℃。此外，$\Delta t_x/s$ 值还和金属所受应力状态、内部组织结构等有关，内部组织致密及受压应力状态时，$\Delta t_x/s$ 可以适当大些，组织缺陷多及受拉应力状态时，$\Delta t_x/s$ 应该小些。除了断面温差之外，金属上下表面也有温差（阴阳面）。

因此，为了达到工艺要求的温度均匀性，在加热后期，必须在较低的加热速度下进行加热，甚至可使加热速度为零，即保持金属表面为某一温度，而使金属内部继续升温，最终达到工艺要求的断面温差。

4.2.3 金属的加热时间

金属的加热时间是指金属在炉膛内加热到工艺要求的温度所需的最少时间。要准确地确定金属的加热时间是比较困难的，目前加热时间通过理论计算和实践经验来确定。

运用相关理论计算加热时间之前，首先应区分被加热的物体在特定的加热条件

加热时间
（视频）

下属于"薄材"还是"厚材"。这需要根据毕渥数（$Bi = \alpha_\Sigma s / \lambda$）来确定，毕渥数小于0.1的材料被视为"薄材"，毕渥数大于0.1的材料被视为"厚材"。1.3节中已经就"厚材"的加热时间问题进行了解析，此处不再赘述。这里首先给出计算"厚材"加热时间的一些经验公式，然后给出"薄材"加热时间的计算方法，最后探讨影响加热时间的因素。

4.2.3.1 计算"厚材"加热时间的一些经验公式

金属在室状炉内进行加热时可采用下列经验公式：

$$\tau = \varepsilon \varphi K D \sqrt{D} \tag{4-7}$$

式中，τ 为钢由 0 ℃加热到 1200 ℃所需加热时间，h；D 为钢的厚度（对于方坯和板坯为厚度，对于圆坯为直径），m；K 为随钢种不同而变化的系数，参见表4-7；φ 为考虑金属在炉内布置方式对加热影响的系数，它随钢的形状及布置方式而变，见表4-8；ε 为考虑金属表面状况时的影响系数，对普通钢 $\varepsilon = 1.0$，对不锈钢 $\varepsilon = 2.22$，对 Cr-Ni 合金 $\varepsilon = 1.1$。

表 4-7 不同钢种的 K 值

钢　种	成　分	K
碳素钢	$w(C) < 0.2\%$	10
	$w(C) = 0.2\% \sim 0.5\%$	12
	$w(C) = 0.5\% \sim 0.7\%$	15
	$w(C) \geqslant 0.8\%$	20
奥氏体钢	18-8	13
	18-8Ti	20
	18-8TiMo	25

表 4-8 钢坯形状和放置方式对 φ 值的影响

钢坯形状和放置方式	φ	钢坯形状和放置方式	φ
	1		1
	1		1.4
	2		4
	1.4		2.2
	1.3		2
			1.6

使用连续加热炉加热金属，当装料端炉温为 800~850 ℃，采取二段连续加热时，加热时间 $\tau(\min)$ 为：

$$\tau = (7.5 + 0.05s)s \tag{4-8}$$

当装料端炉温为 900~1000 ℃，在有下加热的三段连续加热炉上时，$\tau(\min)$ 应为：

$$\tau = (5 + 0.1s)s \tag{4-9}$$

式中，s 为钢坯厚度，cm。上述两个经验公式适用于低碳钢双面加热的情况。

对于不同钢种的加热时间还可采用经验公式（4-10）求出：

$$\tau = Cs \tag{4-10}$$

式中，τ 为加热时间，h；C 为系数，h/cm，在连续加热炉内 C 值为：低碳钢 $C =$ 0.1~0.15，中碳钢及低合金钢 $C = 0.15~0.2$，高合金钢及高合金结构钢 $C = 0.2~$ 0.3，高合金工具钢 $C = 0.3~0.4$，C 值可根据具体的生产实际数据重新确定。

4.2.3.2 "薄材"加热时间的计算方法

"薄材"加热时断面上的温度差可忽略不计，加热时间可采用斯塔尔克公式求解。根据能量守恒定律，"薄材"加热的微分方程为：

$$q_{\mathrm{gwm}}A\mathrm{d}\tau = Mc\mathrm{d}t \tag{4-11}$$

式中，$q_{\mathrm{gwm}}A\mathrm{d}\tau$ 为物体在时间 $\mathrm{d}\tau$ 内从炉内得到的热量；$Mc\mathrm{d}t$ 为物体内部热焓的增量；q_{gwm} 为炉气和炉墙向物体传热的综合热流；A 为物体的表面积；M 为物体的质量；c 为物体的平均热容量；$\mathrm{d}t$ 为物体温度的变化。

式（4-11）可以变形为：

$$\mathrm{d}\tau = \frac{Mc}{Aq_{\mathrm{gwm}}}\mathrm{d}t \tag{4-12}$$

由于 $q_{\mathrm{gwm}} = \alpha_{\Sigma}(t_{炉} - t)$，代入式（4-12），得：

$$\mathrm{d}\tau = \frac{Mc}{A\alpha_{\Sigma}}\frac{\mathrm{d}t}{t_{炉} - t} \tag{4-13}$$

设 c、α_{Σ} 不随温度和时间而变，对式（4-13）进行积分：

$$\int_0^{\tau}\mathrm{d}\tau = \frac{Mc}{A\alpha_{\Sigma}}\int_{t'}^{t''}\frac{\mathrm{d}t}{t_{炉} - t}$$

$$\tau = \frac{Mc}{A\alpha_{\Sigma}}\ln\frac{t_{炉} - t'}{t_{炉} - t''} \tag{4-14}$$

式中，t'、t'' 分别为金属加热开始与终了的温度，℃。

金属的质量与受热面积之比，也可以写成：

$$\frac{M}{A} = \frac{As\rho}{AK} = \frac{s\rho}{K} \tag{4-15}$$

式中，s 为透热深度，平板单面加热时，s 等于板厚度，平板双面加热时，s 等于板厚度一半，圆柱体加热时，s 等于半径；ρ 为金属的密度，kg/m^3；K 为形状系数，对于平板 $K = 1$，对于圆柱体 $K = 2$，对于球体 $K = 3$。

将式（4-15）代入式（4-14）得：

$$\tau = \frac{s\rho c}{K\alpha_\Sigma}\ln\frac{t_{炉} - t'}{t_{炉} - t''} \tag{4-16}$$

式（4-16）一般称为斯塔尔克公式。这种忽略了物体内部温度梯度的加热（或冷却）过程称为牛顿加热（或冷却）。

式（4-14）和式（4-16）中的 α_Σ 是综合传热系数，其数值可根据第2章所给相关公式计算。在近似计算中，可采用以下经验公式。

钢坯在室状炉内加热：

$$\alpha_\Sigma = 0.105\left(\frac{T_{炉}}{100}\right)^3 + (11.6 \sim 17.4) \tag{4-17}$$

有色金属合金在室状炉内加热：

$$\alpha_\Sigma = 0.044\left(\frac{T_{炉}}{100}\right)^3 + (11.6 \sim 17.4) \tag{4-18}$$

钢在重油加热的连续加热炉内加热：

$$\alpha_\Sigma = 58.2 + 0.52(t_{炉} - 700) \tag{4-19}$$

钢在煤气加热的连续加热炉内加热：

$$\alpha_\Sigma = 58.2 + 0.35(t_{炉} - 700) \tag{4-20}$$

4.2.3.3　影响加热时间的因素

（1）金属性质对加热时间的影响。对于导热性能差、塑性差的高碳钢和合金钢（如硅钢），通常要求加热时间要长，因为加热速度过快会产生过大的温度应力而导致加热缺陷。对于导热性能好、塑性好的低碳钢，所需的加热时间就短得多。

（2）坯料尺寸对加热时间的影响。坯料断面尺寸越大，加热时间和均热时间都相对增加，当坯料厚度相同而宽度不同时，则其加热时间随宽度的增加而延长。

（3）加热方法对加热时间的影响。坯料加热方式不同，所需加热时间也不一样，双面加热要比单面加热时间短，而多面加热比双面加热的时间更短。

（4）原料装炉前的温度对加热时间的影响。原料热装温度越高，加热时间越短越节省燃料。

（5）炉温对加热时间的影响。炉温越高坯料与炉子之间的温差越大，传热的动力越强，单位时间内传给坯料的热量越多，加热速度越快，加热时间越短。

实际生产中，加热时间还受到生产管理、调度及各工序之间相互配合的紧密程度的影响。例如，当炉子产量大于轧机产量时，金属常常会在炉内停留过长时间，造成较高的氧化烧损、增加能耗；而炉子产量小于轧机产量时，为赶上轧机产量，加热时间又常常过短，断面温度不均就开轧，结果造成产品质量出现问题。由此可见，加热时间直接影响加热炉的能耗、产量和产品质量，实际生产中应加强管理，确定合理的加热时间，确保炉子产量与轧机产量相匹配。

4.3　金属的加热制度

加热制度（视频）

金属在不同条件下加热时，为保证加热所要求的目标而采取的加热方法称为加热制度。金属的加热制度和金属种类、锭坯尺寸、装炉温度以及炉子结构和坯料在炉内的布置等因素有关。按炉内温度变化可将加热制度分为一段式、二段式、三段式和多段式加热制度。

4.3.1 **一段式加热制度**

一段式加热制度是把坯料放在炉温基本不变的炉内加热。在整个加热过程中，炉温大体保持一定，而坯料的表面和中心温度逐渐上升，最后达到所要求的温度。加热不分阶段，故称为一段式加热制度。这种加热制度的特点是炉温和坯料表面之间的温差大，加热速度快，加热时间短，没有预热和均热阶段，图 4-11 给出了这种加热制度的坯料温度和热流变化曲线。

这种加热制度适合加热断面尺寸不大、导热性能好、塑性好的金属，如钢板、薄板坯、薄壁钢管或热装的坯料，因为这种加热制度没有考虑金属在加热过程中所受应力问题，也没有考虑最终的断面温差问题。由于整个加热过程中炉温保持一定，故炉子的结构和操作都比较简单，但缺点是出炉废气温度比较高，热效率比较低。

一段式加热所需加热时间可以采用不稳定态导热第三类边界条件的解计算。

4.3.2 **二段式加热制度**

二段式加热制度是使金属先后在两个温度不同的区域内加热，这两个温度区可以由加热段和均热段组成，也可以由预热段和加热段组成。由加热段和均热段组成的二段式加热制度，是把金属坯料直接装入高温炉膛内进行加热，此时金属表面温度上升快，中心温度上升慢，金属断面温差大。为使断面温度趋于均匀一致，需使金属坯料经过均热段均热。在均热段，金属坯料表面温度基本保持不变，中心温度不断上升，表面与中心温度差逐渐缩小，最后趋于均匀。这种加热制度的特点是炉温和坯料表面之间的温差大，加热速度快，坯料最终断面温差小。由于没有预热段，故适合冷装或低温热装的低碳钢锭坯及热装的合金钢锭坯，也可加热管束、薄板或成批的小件。缺点是出炉废气温度比较高，热效率比较低。图 4-12 给出了这种加热制度的坯料温度和热流变化曲线。

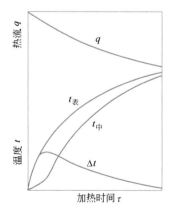

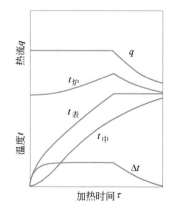

图 4-11　一段式加热制度的坯料温度　　图 4-12　二段式加热制度的坯料温度
　　　　　和热流变化曲线　　　　　　　　　　　和热流变化曲线

由预热段和加热段组成的二段式加热制度，是先将金属坯料装入炉温较低的炉腔内进行加热，待到金属坯料温度升高到一定程度后再进入高温的加热段炉腔内进行加热。这种加热制度的特点是：预热段炉温和坯料表面之间的温差小，加热速度慢，出炉废气温度比较低，热效率相对高一些，温度应力小，适合加热温度应力敏感的金属。由于没有均热段，最终不能保证断面温度均匀性，不适合加热断面较大的坯料。

二段式加热所需总时间可按预热段和均热段分别计算，预热段可以采用第二类边界条件的解计算，加热段通常采用不稳定态导热第三类边界条件的解，均热段可以采用第一类边界条件的第二种情况下的解。

4.3.3 三段式加热制度

三段式加热制度是把金属放在三个温度不同的区域内加热，这三个温度区依次是预热段、加热段和均热段，或称应力段、快速加热段、均热段，图 4-13 是这种加热制度的坯料温度和热流变化曲线。

这种加热制度比较完善，它摒弃了一段式和二段式加热制度的缺点，综合了二者的优点。按这种加热制度，坯料首先在低温区域进行预热，这时加热速度比较慢，温度应力较小，坯料不会出现应力开裂。当坯料中心温度超过 500 ℃后，金属进入塑性范围，即可进行快速加热，直到表面温度迅速升高到出炉要求的温度。加热段结束时，坯料断面上温差仍然很大，为缩小断面温差，坯料需进入均热段均热，此时坯料表面温度基本不再升高，而中心温度逐渐上升，直到断面温差减小到工艺要求的程度。

三段式加热制度既考虑了加热初期温度应力的危险，又考虑了中期快速加热和后期温度的均匀性，兼顾了产量和质量两方面。在连续加热炉上采用三段式加热制度时，由于有预热段，出炉废气温度低，热能利用率高，单位燃料消耗低；加热段可以强化供热，快速加热减少了氧化和脱碳，并保证炉子具有较高生产率；坯料经过均热段后断面温差减小，达到了工艺要求的温度均匀性，保证了变形的均匀性。所以对于许多金属的加热来说，这种加热制度是比较完善合理的。

三段式加热制度可用于各种尺寸冷装的碳素钢及合金钢坯料的加热，特别是高碳钢、高合金钢的冷装炉加热，在加热初期必须缓慢预热。三段式加热制度加热时间可按各段分别进行计算，然后求和。

4.3.4 多段式加热制度

现代化大型连续加热炉生产能力很大，一个加热段已不能满足加热工艺要求，因此在炉型上发展为多点供热，使加热段延长，供热强度增加，供热更均匀。另外，某些钢材热处理工艺中，常包括几个加热、均热（保温）、冷却期，这主要是为了使钢材充分相变。图 4-14 是多段式加热制度的温度和热流变化曲线。

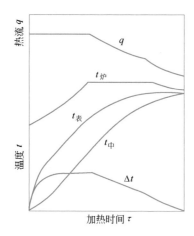

图 4-13 三段式加热制度的
坯料温度和热流变化曲线

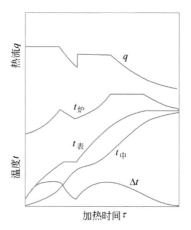

图 4-14 多段式加热制度的
坯料温度和热流变化曲线

4.4 金属的加热缺陷

金属在加热过程中，必须严格控制加热温度、加热速度、加热时间和炉内气氛，如果控制不当，则会出现各种加热缺陷。金属在加热过程中常见的缺陷有氧化、脱碳、过热、过烧、加热温度不均、加热裂纹、粘钢等。

4.4.1 钢的氧化

钢在加热时受到炉气中的 CO_2、H_2O、O_2 和 SO_2 等氧化性气氛的作用而使钢的表面被氧化形成氧化铁皮，每加热一次有 0.5% ~ 3% 的钢被氧化烧损形成氧化铁皮，钢表面氧化铁皮的宏观形貌和截面微观形貌如图 4-15 所示。

钢的氧化
（视频）

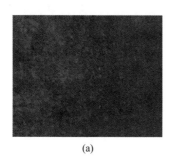
(a)

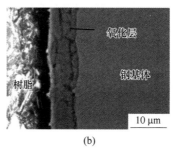
(b)

图 4-15 彩图

图 4-15 钢的氧化铁皮宏观形貌 (a) 和截面微观形貌 (b)

氧化烧损不仅直接降低了金属的收得率，同时还会产生其他危害。氧化铁皮的导热系数比金属低得多，金属表面形成氧化铁皮后阻隔了热量向金属内部传递，恶化了传热条件，降低了炉子的产量，增加了燃料消耗。脱落的氧化铁皮堆积在炉底，高温下会侵蚀耐火材料炉底，降低炉子使用寿命。炉底氧化铁皮需要定期清理，增加操作人员的劳动强度，降低加热炉的作业率。塑性加工前氧化铁皮清理不干净，加工时容易将氧化铁皮压入金属表面,造成成品表面麻点缺陷,降低成品表面质量。因此加热过程中应尽量减少氧化铁皮的生成。

4.4.1.1　氧化铁皮的形成机理

钢的氧化是炉气中的氧化性气氛(CO_2、H_2O、O_2和SO_2)与钢中的Fe发生化学反应形成氧化铁皮的过程。铁与氧发生反应的化学方程式如下。

$$O_2 \qquad Fe + \frac{1}{2}O_2 === FeO$$

$$3FeO + \frac{1}{2}O_2 === Fe_3O_4$$

$$2Fe_3O_4 + \frac{1}{2}O_2 === 3Fe_2O_3$$

$$CO_2 \qquad Fe + CO_2 \rightleftharpoons FeO + CO$$

$$3FeO + CO_2 \rightleftharpoons Fe_3O_4 + CO$$

$$3Fe + 4CO_2 \rightleftharpoons Fe_3O_4 + 4CO$$

$$H_2O \qquad Fe + H_2O \rightleftharpoons FeO + H_2$$

$$3FeO + H_2O \rightleftharpoons Fe_3O_4 + H_2$$

$$3Fe + 4H_2O \rightleftharpoons Fe_3O_4 + 4H_2$$

$$SO_2 \qquad 3Fe + SO_2 === FeS + 2FeO$$

氧化铁皮的形成过程也是氧和铁两种元素的相互扩散过程,氧由表面向铁内部扩散,而铁由内部向外部扩散。外层氧浓度大,铁浓度小,生成铁的高价氧化物;内层铁浓度大,氧浓度小,生成铁的低价氧化物。所以氧化铁皮的结构实际上是分层的,最外层是Fe_2O_3,约占10%;接着是Fe_3O_4,约占50%;紧贴金属表面的是FeO,约占40%,其结构如图4-16所示。因此可以认为氧化铁皮的平均成分接近Fe_3O_4,含铁量为75%。

在三层氧化铁皮结构中,Fe_2O_3熔点为1565 ℃,Fe_3O_4熔点为1593 ℃,FeO熔点为1369 ℃。由于钢中其他元素的氧化物与氧化铁皮之间的相互作用而使氧化铁皮的熔点降低到1300 ℃甚至更低,当加热温度过高时,氧化铁皮就会软化和熔化,从而引起粘钢或堆积在炉底上侵蚀耐火材料,甚至影响生产。

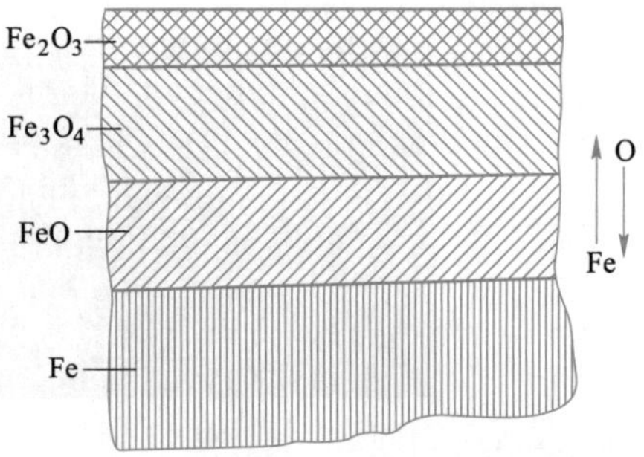

图4-16　钢表面氧化铁皮结构示意图

4.4.1.2　影响氧化的因素

A　加热温度的影响

钢在常温条件下氧化速度非常缓慢,当温度达到200~300 ℃时,会在钢的表面生成薄薄一层氧化层。当温度升高到600~700 ℃,氧化速度明显加快。当温度达到1000 ℃以上时,氧化开始剧烈进行。温度达到1300 ℃时,氧化铁皮开始熔化,这时氧化速度更剧烈。从氧化铁皮生成的机理来说,温度升高后,铁与氧的扩散速度增大，氧化速度也随之增大。图 4-17 是加热温度对碳钢氧化烧损的影响，由图可见，在 900 ℃ 以下，铁的氧化速度很小，1000 ℃ 以上则急剧上升。在 600~1200 ℃ 的范围内，碳钢氧化烧损量与温度及加热时间之间有下述经验关系：

$$a = 6.3\sqrt{\tau}\,e^{-\frac{900}{T}} \tag{4-21}$$

式中，τ 为加热时间，min；e 为自然对数的底；T 为钢的表面温度，K。

B　加热时间的影响

在同样条件下，加热时间越长，钢的氧化烧损量越大，其关系符合式（4-21）。图 4-18 给出碳质量分数为 0.3% 的碳钢在不同加热温度下烧损量与时间的关系，由图可以看到，开始时氧化烧损量随时间增长得比较快，而后逐渐减缓，这是因为形成的氧化铁皮阻碍了铁和氧元素的相互扩散。但是氧化铁皮并不是十分致密的，不可能完全阻止氧化反应的进行，随着加热时间的延长，氧化烧损的总量不断增加，因此应尽可能缩短加热时间。实际生产中采取的高温短时快速加热就是为了提高加热温度，缩短加热时间，减少氧化烧损量。

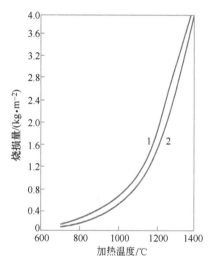

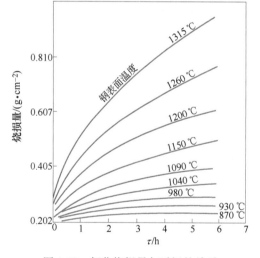

图 4-17　加热温度对碳钢烧损量的影响　　　　图 4-18　氧化烧损量与时间的关系
1—重油、天然气、焦炉煤气；2—高炉煤气

C　炉气成分的影响

火焰炉的炉气成分取决于燃料成分、空气消耗系数、燃料完全燃烧的程度等，炉气成分一般包括 CO_2、N_2、O_2、H_2O、CO、H_2、CH_4 等，有的甚至含有少量的 SO_2、H_2S。根据炉气对金属的氧化程度，可将炉气分为氧化性气体、还原性气体及中性气体。

属于氧化性气体的有 O_2、H_2O、CO_2、SO_2 等，其中 SO_2 的氧化能力最强，其次是 H_2O、O_2、CO_2。属于还原性气体的有 CO、H_2、CH_4、H_2S。N_2 属于中性气体，一般不与钢发生反应。表 4-9 给出了不同成分的气体在 0.4 h 内钢的烧损率。

表 4-9   气体成分与钢的烧损率

温度/℃	钢的烧损率/%		
	CO_2	H_2O	O_2
1090	1.42	3.78	3.85
1200	3.73	9.72	9.13
1240	3.90	12.39	11.17

炉气中的 O_2 来源于燃烧用过剩空气，故应在保证完全燃烧的前提下尽量减少过剩空气量。炉气中如果含有 SO_2，即使含量很少也会对钢产生严重的氧化，并与氧化铁皮反应生成 FeO 与 FeS 的共晶产物（熔点只有 1190 ℃），加剧氧化程度，对含 Ni 的钢种危害更大，因为硫与镍会形成熔点约为 900 ℃ 的 NiS，因此加热炉所用燃料中应严格控制 H_2S 的含量（煤中应严格控制硫的含量）。炉气中的 H_2O 和 CO_2 在高温下对钢具有很强的氧化能力，但这两组反应都是可逆的，当炉气中 CO 和 H_2 的浓度增加到一定程度时，氧化铁皮将被还原成铁。因此对于这两种气体，钢是氧化还是还原，完全取决于该温度下 CO_2 与 CO 及 H_2O 与 H_2 的相对浓度，即两组反应的平衡常数。图 4-19 和图 4-20 分别为 CO_2、H_2O 与 Fe 反应的平衡图。

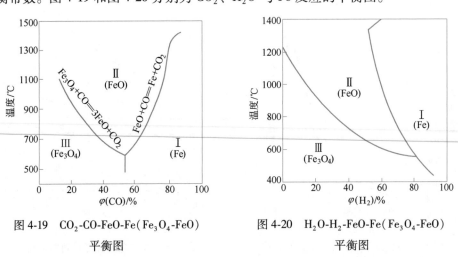

图 4-19 CO_2-CO-FeO-Fe(Fe_3O_4-FeO)
平衡图

图 4-20 H_2O-H_2-FeO-Fe(Fe_3O_4-FeO)
平衡图

从图 4-19、图 4-20 可以看出，要保证铁不被氧化，必须使 CO 和 H_2 的浓度和温度的对应点落在铁不被氧化的区域 I 中。对于加热炉的加热段和均热段温度，要使金属不被氧化，应使炉气呈还原性气氛，即 $\varphi(CO)/\varphi(CO_2) \geqslant 3.16$、$\varphi(H_2)/\varphi(H_2O) \geqslant 1.26$；对于预热段温度，上述比例应达到 2.38 和 1.6。从这些数据看，对于一般操作的连续加热炉来说，炉气都是氧化性的，尽管可以通过控制空气消耗系数达到上述浓度比，但那样做会使燃料发生不完全燃烧，增加燃料的消耗量，同时也降低炉温，延长加热时间，反而不合理。

    D   钢的成分的影响

钢中含有 Cr、Ni、Si、Mn、Al 等元素时，由于这些元素氧化后能生成致密的氧化膜，阻碍金属原子向外扩散，结果使氧化速度大大降低。不锈钢、耐热钢在高温下具有较强的抗氧化能力，就是因为生成了一层致密而不易脱落的氧化层，阻止了继续氧化。

对于一般碳钢，随钢中碳含量增加，氧化烧损率下降，可能是因为钢中的碳优先与氧反应生成的 CO 阻碍了氧化性气体的进一步作用。

4.4.1.3　减少氧化的措施

通过上述分析可知，一般条件下，钢的氧化是不可避免的，但实际生产操作中，可以采取措施尽量降低钢的氧化烧损，必要时可以实现无氧化加热，关键是如何控制影响氧化的因素。

（1）控制加热温度和加热时间。加热温度和加热时间是影响氧化烧损的两个最重要因素。因此，实际生产中，在满足工艺要求的基础上应尽量减少钢在高温区停留时间，实行高温短时快速加热，达到出炉温度后马上出炉开轧，调整好轧机与加热炉之间的生产能力，出现待轧时及时降低炉温或退出钢坯。

（2）控制炉内气氛。在保证完全燃烧的前提下，适当控制空气消耗系数，尽量减少炉气中 O_2 含量。同时注意及时调节炉膛内压力，保持微正压操作，避免吸入大量冷空气，炉体应尽可能严密等。

（3）采取特殊的保护措施防止钢的氧化。这些措施效果比较明显，但往往设备复杂、热效率低、投资和生产成本都很高，只有在特殊需要时才可采用。常见方法有以下几种。

1）间接加热，即使金属与氧化性气氛隔绝。如采用马弗罩、辐射管等将加热介质与金属隔开，在被加热的金属周围通上保护气体以避免金属氧化，此外，还可以在真空炉内加热，此办法一般在热处理炉上使用。

2）少氧化或无氧化加热，在连续炉或室状炉上均有应用，基本原理是高温段采用很小的空气消耗系数，靠高温预热助燃用的空气来保证必要的燃烧温度，对于没有燃烧的产物，应在炉子的另一部分供入适量的空气使其完全燃烧。

3）在浴炉内加热，即将金属置于熔融的低熔点金属或盐类熔体中加热，如图4-21 所示。常见的有盐浴、铅浴、玻璃浴等，适用于热处理前工件的加热，如挤压加工前钢料在玻璃浴中加热等。

（a）　　　　　　　　　　　　　　　　　（b）　　　　　　　图 4-21 动画

图 4-21　盐浴加热过程
（a）俯视图；（b）侧视图

4）采用保护涂料，在金属的表面涂上一层保护性涂料，如黏土、煤粉、硼酸、有机硅化物等，将金属与炉气隔开减少氧化，但增加了热阻，对传热不利，加工后需要清理。

钢的脱碳
（视频）

4.4.2 钢的脱碳

钢在加热过程中表面发生氧化的同时还伴随有脱碳现象，即钢表层金属中含碳量减少，甚至完全不含碳的现象。钢的脱碳层微观形貌如图 4-22 所示。碳在钢中以 Fe_3C 的形式存在，它直接影响钢的各种性能。钢材表面脱碳后，钢的表面力学性能会大大降低，如高碳工具钢表面脱碳后，表面硬度会大为降低。合金钢中除不锈钢外大多属于高碳钢，除了电工钢要求脱碳以外，其他钢种的脱碳都被认为是缺陷，特别是工具钢、滚珠轴承钢、弹簧钢等都不希望发生脱碳现象。脱碳后最明显的是硬度下降，弹簧钢的疲劳强度降低，需要淬火的钢还容易出现裂纹。要清除钢的脱碳层需增加额外的工作量。因此，为提高钢材的合格率，减少由于脱碳造成的废品量，有必要掌握脱碳的规律，以减少或防止脱碳现象的发生。

图 4-22 彩图

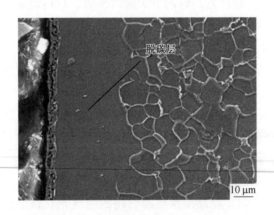

图 4-22　钢的脱碳层微观形貌

4.4.2.1　钢的脱碳过程

钢的脱碳过程是炉气内的 H_2O、CO_2、O_2、H_2 和钢中的 Fe_3C 发生反应的结果，反应方程式如下：

$$Fe_3C + H_2O \Longleftrightarrow 3Fe + CO + H_2$$

$$Fe_3C + CO_2 \Longleftrightarrow 3Fe + 2CO$$

$$2Fe_3C + O_2 \Longleftrightarrow 6Fe + 2CO$$

$$Fe_3C + 2H_2 \Longleftrightarrow 3Fe + CH_4$$

这些气氛中，H_2O 的脱碳能力最强，其余依次是 CO_2、O_2，H_2 在一定条件下也能促使钢脱碳，如硅钢片在湿 H_2 气氛下脱碳工艺。高温下钢的氧化与脱碳是相伴发生的，但氧化铁皮的生成有利于抑制脱碳，使扩散趋于缓慢，当钢表面生成较厚的氧化铁皮时可以阻碍脱碳。

4.4.2.2 影响脱碳的因素

A 加热温度的影响

钢的脱碳速度取决于碳原子向外扩散速度，碳的扩散服从菲克第二定律，即：

$$\frac{\partial C_V}{\partial \tau} = D \frac{\partial^2 C_V}{\partial x^2} \tag{4-22}$$

式中，C_V 为扩散物质（碳）的体积浓度，g/cm^3；τ 为时间，s；D 为扩散系数，cm^2/s；x 为距表面的深度，cm。

D 是温度的函数，其值随温度增加而增加，当钢中碳含量为 0.1%~1% 时，在 750~1250 ℃，γ-Fe 中扩散系数为：

$$D = (0.07 + 0.06[C]) e^{-32000/(1.997T)} \tag{4-23}$$

式中，[C] 为钢中碳质量分数，%；T 为钢的温度，K。

图 4-23 为不同钢种在不同温度下可见脱碳层厚度的变化。从图中可以看到，曲线 1 和曲线 2 随着温度增加，可见脱碳层厚度几乎呈直线增加，但曲线 3 和曲线 4 却呈现有"峰值"的曲线。导致这种情况的原因是脱碳速度受到氧化速度的影响，当氧化速度大于脱碳速度时，可以减少钢的脱碳。此外，在加热炉中温度对脱碳的影响还表现在炉温的均匀性上，局部高温可能造成大量脱碳。

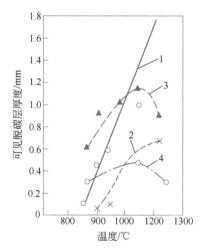

图 4-23　不同钢种在不同温度下可见脱碳层厚度的变化
1—T12；2—Cr15；3—60Si2Mn；4—9SiCr

B 加热时间的影响

在低温条件下，即使在炉内放置较长时间，钢的脱碳也并不显著，但在高温下，停留时间越长，脱碳层越厚。一般不允许易脱碳钢在高温保温待轧，遇有故障停轧时应及时将钢坯退出炉外。

C 炉气成分的影响

在炉气中能够引起脱碳的成分为 H_2O、CO_2、O_2 和 H_2，其中 H_2O 的影响最大。N_2 是中性气氛，CO 和 CH_4 具有还原性，能使钢表面发生增碳。但由于加热炉燃烧产物中的 CO 和 CH$_4$ 含量很少，故不论是氧化性气氛还是还原性气氛，都属于脱碳气氛。

D 钢的成分的影响

钢中碳含量越高，越容易发生脱碳。合金元素影响比较复杂，Al、Co、W 这些元素能促使钢脱碳；Cr、Mn、B 则可减少钢的脱碳；Ni 对脱碳没有显著影响。一般情况下，凡能生产结实致密氧化铁皮，就可减少脱碳，反之则增加脱碳。常见的碳素工具钢、模具钢、硅弹簧钢、滚珠轴承钢、高速钢等均是易脱碳钢。

4.4.2.3 减少脱碳的措施

前述减少钢氧化的措施也适用于减少脱碳。例如：（1）采取"低温轧制"技术，在接近钢的加热温度的下限进行轧制，在低温下（<900 ℃）缓慢加热，尽量使钢坯断面温度均匀，在高温下快速加热，尽量缩短钢在高温下的停留时间，达到减少脱碳的目的；（2）正确选择加热温度，避开易脱碳钢的脱碳峰值范围；（3）适当调节和控制炉膛内气氛，对易脱碳钢使炉膛内保持氧化性气氛，使氧化速度大于脱碳速度，以减少脱碳；（4）改进加热操作，一旦轧机因故障停机，应将钢坯及时退出炉外，以防在高温下停留时间过长造成脱碳；（5）在加热过程中要完全保证不脱碳，最有效的办法是在控制气氛下进行加热，即将钢放置于 ［C］ 浓度较高的气氛下加热。加热工艺中的一个特例是对硅钢的加热，硅钢必须在脱碳气氛下进行加热，以获得良好的电磁性能。

钢的过热和
过烧（视频）

4.4.3 钢的过热和过烧

如果钢的加热温度超过临界温度 A_{c_3} 过多，并在此高温下停留时间过长，钢内部的晶粒过分长大，晶粒之间的结合力减弱，钢的力学性能显著降低，这种现象称为钢的过热。钢的过热金相组织如图 4-24（a）所示。过热的钢在轧锻时容易产生裂纹，特别是在坯料的棱角、端头部位尤为显著。在热处理时，过热常使淬火零件内应力增大，产生变形或开裂。

钢的过热不仅取决于加热温度，而且与加热时间、钢的成分和初始晶粒度有关。合金元素大多可以减小晶粒的长大趋势，故一般合金钢的过热敏感性比碳素钢低一些，细晶粒钢的过热敏感性比粗晶粒钢的过热敏感性低一些。由于产生过热的直接原因是加热温度偏高和待轧保温时间过长，因此为避免钢的过热缺陷，必须严格控制加热温度和加热时间，当轧机发生故障时，必须在待轧时间内适当降低炉温。

过热的钢可以采用正火或退火来补救，即将钢缓慢加热到略高于 A_{c_3} 温度，再缓慢冷却下来，使组织再结晶，晶粒得到细化，然后再重新加热轧制。

当钢加热到比过热更高的温度时，不仅晶粒长大，而且晶界开始熔化，氧开始渗入晶界，造成晶粒间氧化，导致晶粒间的结合力显著下降，失去正常的强度和塑性，在出炉受到振动或轧制时就会断裂，这种现象称为钢的过烧。钢的过烧金相组织如图 4-24（b）所示。过烧的钢无法挽救，只能回炉重新熔炼。

过烧主要受以下因素影响：（1）加热温度越高和高温停留时间越长，就越容易发生过烧；（2）炉膛内氧化性气氛越强越容易发生过烧，还原性气氛下过烧的温度

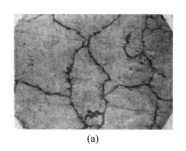

（a） （b）

图 4-24 钢的过热（a）和过烧（b）金相组织

图 4-24 彩图

一般比氧化性气氛时高 60~70 ℃；（3）钢的含碳量越高，发生过烧的温度越低。

与过热相同，发生钢的过烧也是在高温区停留时间过长导致，例如轧机发生故障、换辊等，因此，遇到这种情况应及时采取措施，设法降低炉温并减少进入炉膛内的空气量。

4.4.4 加热温度不均

加热温度不均（视频）

钢坯在加热时温度不均匀会给轧制带来调整和操作上的困难，而且对轧制产品的质量影响很坏。例如，对热轧带钢来说，如果温度不均匀，轧制时辊跳值就不一样。温度低的地方变形抗力大，辊跳值增大，板厚就有可能超出公差；温度高的地方变形抗力小，辊跳值减小，板厚就有可能小于公差。两者都会造成废品。实际生产中，通常允许钢坯出炉时有一定温差（一般为 30~50 ℃），但如果温差太小，将延长加热时间、增加成本，故应根据实际生产合理控制坯料断面温差。对坯料加热温度不均的原因及影响可从以下几个方面分析。

（1）坯料内外温度不均。表现为坯料表面已达到或超过了加热温度，而中心远没有达到开轧温度，这主要是由高温段加热速度太快和均热时间太短造成的。内外温度不均的坯料在轧制时延伸系数不一样，有时在轧制初期还看不出来，但经过几个道次轧制后，钢温就会明显降低，如果继续轧制，就有可能轧裂或发生断辊现象。

（2）坯料上下面温度不均。经常是下面温度低一些，这是由坯料在炉内单面加热或下加热供热不足造成的。这种坯料在轧制时会造成轧件在轧机出口上弯或下翘，冲击辊道，甚至造成设备损毁。

（3）长度方向温度不均。可能出现两端温度高中间温度低、两端温度低中间温度高、一端温度高一端温度低和钢坯底面黑印等情况。两端温度高中间温度低是由两侧炉墙辐射造成的，故对较宽的炉子应适当减少两侧烧嘴的煤气量。两端温度低中间温度高是侧出料的炉子两侧炉门经常打开，炉内吸入冷风造成的，故加热时应注意关闭炉门，出钢时炉门应尽量开小些，防止冷风吸入炉内。一端温度高一端温度低是由长短料偏装造成的，在装炉时应注意对称装炉。黑印是由钢坯底面与水冷滑轨接触造成的，应改用无水冷滑轨、耐热钢滑轨或变轨距滑轨等。

4.4.5 表面烧化和粘钢

表面烧化和粘钢（视频）

由于操作不慎，坯料表面温度过高，可能使氧化铁皮熔化，如果持续时间过长，可能导致过热过烧。表面熔化的钢容易产生黏结，黏结严重的钢出炉后分不开，甚至不能轧制。此外，表面烧化的钢出炉后容易暴露皮下气孔，导致气孔内壁氧化，产生表面发裂缺陷。粘钢一般多发生在推钢式加热炉上，由于加热温度较高，装料较多，推力较大，长时间加热时极易粘钢。应使用撬棍将黏结在一起的钢及时撬开，并及时调整炉温。

4.4.6　加热裂纹

加热裂纹
（视频）

加热裂纹分为外部裂纹和内部裂纹两种，加热中的表面裂纹常常是原料表面缺陷（如皮下气泡、夹杂、裂纹等）消除不彻底造成的。内部裂纹则是由加热过快以及装炉温度过高造成的，尤其是导热性能比较差的高碳钢和合金钢，装炉温度过高或加热速度过快时，内外温差过大，温度应力超过钢的断裂强度就会产生内部裂纹。轧制时如果内部裂纹露出，在坯料上就会形成很深的穿孔。

🔍 延伸阅读

重视教育、心系学生的热力工程学先驱——陈大燮

陈大燮（1903—1978），字理卿，著名热力工程学家，祖籍浙江海盐，1903 年出生于上海一商人家庭。曾先后就读于唐山、上海两地的交通大学。毕业后，前往美国普渡大学攻读机械工程，1927 年获硕士学位。1928 年回国后，即从事热力工程的教学与研究工作。著有《工程热力学》《传热学》及《高等工程热力学》等专著，并曾发表科学论文多篇，对我国热力工程科学的初期发展起过重要的推动作用。由于他的学术造诣，1956 年被评为一级教授，并先后担任中国机械工程学会常务理事，中国锅炉透平学会主任委员，全国工程热物理学组副组长，全国热工教材编审委员会主任委员，对我国热力工程科学的发展作出了重要贡献。

陈大燮先生学识渊博，治学严谨，认真负责，讲课条理清晰，引人入胜，深受同学欢迎。在重庆时，他每学年都开出热工学课程，常以英语进行教学，同学既学专业知识又学英语，受益匪浅。他的记忆力特强，每当第一堂课点名后，即便数十人的大班，再次上课时，均能直呼其名发问，无一差错，传为佳话。曾有在重庆中央大学毕业的学生韩荣鑫，二十年后，在北京参加第三届全国人民代表大会时与先生不期而遇，先生竟能毫不犹豫地直呼其名，并回忆往事，亲切交谈。在重庆时，陈大燮先生还十分关心毕业生的出路。1943 年夏，在他即将离任中央大学机械系系主任时，该班毕业生共有五十余人，当时正值抗日战争后期，大后方就业不易，但经先生多方奔波努力，向许多大工厂、兵工厂、飞机场、公路铁路、甘肃油矿局、大专院校等单位联系推荐，毕业生们都得到了妥善安置。之后，这届毕业生在国内外知名大学任教授者八人，在知名单位任总工程师者二十余人，他们每当谈起陈老师爱生之情，无不动容。

在教学中，陈大燮先生经常勉励学生要努力为社会主义建设事业学习和工作。对同学，不仅授业解惑，并且教书育人，数十年来，桃李满天下，他为国家培育年轻一代和技术骨干，为国家教育事业作出了不可磨灭的贡献。

陈大燮先生生前曾多次表示，如将遗产留给下一代，对下一代无益，他要将积蓄捐献给国家。先生去世后，在遗物笔记本中发现先生以无限深情写下：愿将这三万元捐献给党。他的家属遵照先生遗愿将该款捐献给了西安交通大学。1982年他夫人去世后，他的女儿又将先生留给夫人的一万元生活费再次捐献给西安交通大学。为了表彰和纪念陈大燮教授，西安交通大学以此四万元设立了"陈大燮奖学金"，以鼓励学习成绩优异的研究生，每年评发一次，至今不断。

5 加 热 炉

不同形状和尺寸的坯料加热时所需的炉型结构也不相同：钢锭加热一般采用均热炉；板坯加热可采用推钢式连续加热炉，也可采用步进式连续加热炉；方坯可采用推钢式连续加热炉，也可采用步进式连续加热炉；异型坯的加热可采用步进式连续加热炉；无缝管坯（圆钢）的加热可采用转底式环形加热炉；锻造用坯料的加热一般采用锻造室状炉。

轧钢厂生产的产品品种和规格很多，一部分成品轧制后直接使用，另有一部分产品需先进行热处理。钢材经过适当的热处理可以显著地提高力学性能与理化性能，对于充分发挥钢材的性能潜力、节省钢材、提高设备寿命十分有益。轧制产品的热处理主要包括退火、正火、高温回火、淬火等。使用比较广泛的炉型有辊底式炉、罩式炉和连续退火炉等，广泛用于中厚钢板、冷轧薄板、型钢等的热处理。

5.1 加热炉基本结构

加热炉基本
结构（视频）

加热炉一般由炉膛、钢结构及基础、进出料机构、测量及控制仪表、燃料系统、供风系统、排烟系统、冷却系统及余热利用装置等组成，如图 5-1 所示。炉子的各组成部分应该围绕着对炉子的基本要求互相协调、互相配合，这样才能达到良好的生产技术经济指标，否则就会妨碍炉子正常能力的发挥，必要时需要对炉子进行改造。因此，了解和掌握炉子的基本结构有助于加热炉的管理和维护。

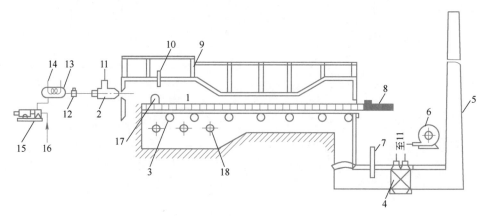

图 5-1　连续加热炉主要组成部分示意图

1—炉子主体；2—烧嘴；3—炉底水管；4—空气预热器；5—烟囱；6—鼓风机；7—烟道闸门；
8—推钢机；9—钢结构；10—热电偶；11—预热空气口；12—重油过滤器；13—重油预热器；
14—蒸汽管道；15—油泵；16—接油库；17—炉门；18—侧烧嘴

5.1.1 炉膛和钢结构

炉膛是由炉墙、炉顶和炉底组成的对金属进行加热的空间，其结构图如图 5-2 所示。

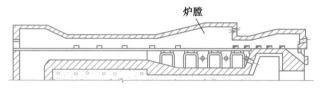

图 5-2　炉膛结构示意图

炉墙分为侧墙和端墙，侧墙的厚度通常为 1.5~2 砖厚，端墙的厚度视烧嘴、孔道的尺寸而定，通常为 2~4 砖厚。炉墙内衬由耐火砖砌筑，外加绝热层组成，现在使用浇注料和可塑料砌筑的增多，炉墙外面通常包以 4~10 mm 厚的钢板壳。炉墙上设有炉门、窥视孔、烧嘴孔、测温孔等。为防止砌砖在高温下破坏，炉墙应尽可能避免直接承受附加载荷，炉门及冷却水管等构件应支撑在钢结构上。

炉顶按其结构形式分为拱顶和吊顶两种。当炉子跨度小于 3~4 m 时，一般采用拱顶，拱顶用楔形砖砌筑。如果炉子跨度较大，应采用吊顶，吊顶是用金属吊杆单独或成组地将一些异型砖吊在炉子的钢结构上，如图 5-3 所示。

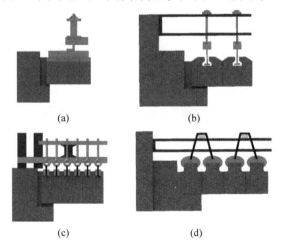

图 5-3　吊顶的结构
（a）T-72 耐火砖吊顶；（b）T-73 耐火砖吊顶；（c）（d）夹持式吊顶

图 5-3 彩图

炉底是炉膛底部的砌砖部分，炉底不仅要承受加热金属的热负荷，而且要经受炉渣和氧化铁皮的化学侵蚀以及金属的碰撞和摩擦作用。加热炉的炉底结构形式如图 5-4 所示，炉底的厚度在 200~700 mm 范围内波动，炉底的上部因接触 1200~1500 ℃的高温，并受氧化铁皮的侵蚀，故一般多用镁砖，为便于清除氧化铁皮，一般在镁砖表面铺一层镁砂或焦屑。在无氧化加热炉上，因为没有氧化铁皮的侵蚀问题，炉底也可采用黏土砖。一些现代化的加热炉也采用一些高级耐火材料，如电熔锆莫来石砖或刚玉砖等。为避免钢料与炉底耐火材料直接接触，减少推钢阻力和耐火材料的磨损，在单面加热的连续加热炉或双面加热的实底部分装有耐热钢滑轨，双面加热的炉子炉底采用水冷管滑轨。非工作状态和加热状态的滑轨实物图如图5-5所示。连续加热炉的炉底通常都是和装料、出料及炉料的传送机构连在一起。

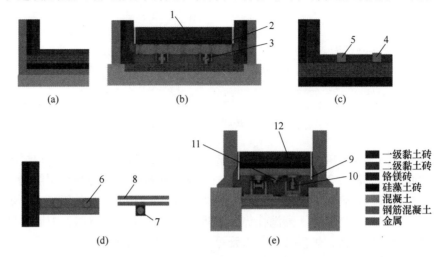

图 5-4　加热炉的炉底结构

（a）固定的室状炉炉底；（b）车底式炉炉底；（c）带滑轨的连续加热炉炉底；
（d）双面加热的连续加热炉炉底；（e）环形加热炉炉底

1—活动炉底；2，9—砂封；3—辊轮；4，5，8—滑轨；6—水冷管；
7—水冷管支撑；10—支承辊；11—环形齿轮；12—炉底

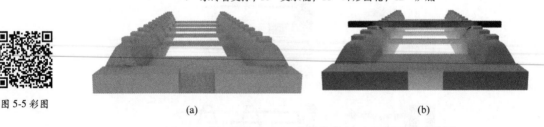

图 5-5　非工作状态（a）和加热状态（b）的滑轨实物图

炉子的钢结构是为了使炉子成为一个牢固的整体、在长期高温的工作条件下不致严重变形而设置的由竖直钢架、水平拉杆（连接梁）组成的钢结构，如图5-6所示。

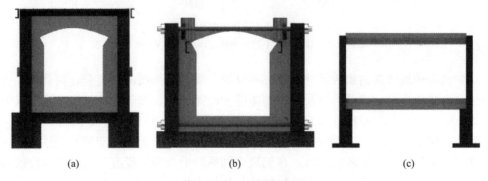

图 5-6　加热炉的钢结构

（a）固定连接；（b）活动连接；（c）小型可移动式炉的钢结构

炉子的钢结构需承受炉顶、炉门、炉门提升机构、燃烧装置、冷却水管和其他一些零件的全部重量。钢结构的主体是竖直钢架，一般采用槽钢、工字钢等，下端用底脚螺栓固定在混凝土基础上，上端用连接梁连接起来。加热炉钢结构局部实物图如图 5-7 所示，托架和拉钩可以固定其他部件，并承受其重量。

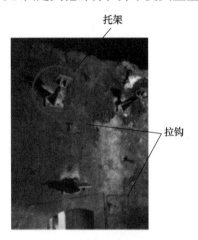

图 5-7 彩图

图 5-7　钢结构局部实物图

炉子基础是炉子的支座，它将炉膛、钢结构和被加热金属的重量所构成的全部载荷传到地面上。炉子基础可以采用混凝土、钢筋混凝土、红砖、毛石等材料砌筑，一般大中型炉子都采用混凝土基础，小型炉子也有采用砖砌基础。

5.1.2　加热炉的冷却系统

在双面加热的连续加热炉内，钢料依靠炉底冷却水管的支撑沿着敷设在炉底的纵向水管从后向前移动。炉底冷却水管和其他冷却构件共同构成炉子的冷却系统，炉底冷却水管的冷却方式分为水冷却和汽化冷却两种。

炉底冷却水管承受钢料的全部重量，并经受钢料移动时产生的动负荷，一般采用 $\phi70 \sim 127$ mm、壁厚为 $10 \sim 20$ mm 的厚壁碳素无缝钢管。为避免钢料在水冷管上滑动时将钢管磨损，通常在钢管顶部焊接 $20 \sim 40$ mm 的圆钢或方钢，采用连续焊缝，以加强冷却，这种结构称为滑轨。炉底冷却水管内部通循环水进行冷却，水流速度一般不小于 1 m/s，排水温度根据水质选定，一般不大于 55 ℃。

水冷管支撑结构一般由四根纵水管组成，在高温段通常还要采用横水管进行支撑（如图 5-8（a）所示），当炉子很宽，上面钢料的负荷又很大时，需要采用双横水管或回线形横支撑管结构（如图 5-8（b）所示）。两根纵水管之间的间距最小不应小于 600 mm，否则钢料下表面遮蔽太大，减弱了下加热的作用；最大间距不应大于 2000 mm，以防钢料在高温下"塌腰"。为了使钢料向前滑动时不掉道，钢料两端应比纵向水管宽出 $100 \sim 150$ mm。

由于冷却水管对下加热的遮蔽及其冷却作用，使钢料与冷却水管滑轨接触处的局部温度降低 $200 \sim 250$ ℃，从而在钢料下表面出现两条温度相对较低的"黑印"，在加热板坯时，黑印可能导致钢板厚度产生波动。为了消除黑印的不良影响，可以

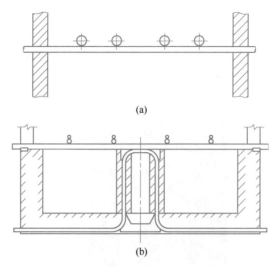

(a)

(b)

图 5-8   炉底冷却水管及其支撑结构

（a）横水管支撑；（b）双横水管或回线形横支撑

在冷却水管上面装设隔热效果更好的金属滑道或陶瓷滑道，可以在炉子的均热段砌筑实炉底，使钢料得到较好的均热，也可以采用无水冷耐热滑轨（如图 5-9 所示），但减小黑印影响同时又能降低热损失的最有效的措施是对炉底冷却水管进行绝热包扎。

炉底冷却水管及其支撑结构加在一起的水冷表面积达到炉底面积的 30%~50%，带走了大量热量（15%~25%），为降低能耗和加热成本，需要对炉底冷却水管进行绝热包扎，以减少冷却水带走的热量，同时也可减少冷却水的消耗量。炉底冷却水管的绝热包扎如图 5-10 所示，可采用环形挂砖、马蹄形挂砖或采用耐火混凝土、耐火可塑料等包扎冷却水管。

图 5-10 彩图

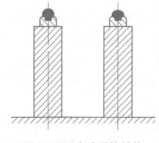

图 5-9   无水冷滑轨结构

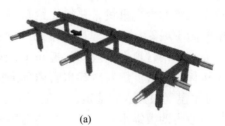

(a)   (b)

图 5-10   炉底冷却水管的绝热包扎

（a）结构图；（b）水管的双层绝热包扎

利用水作为介质对支撑钢管进行冷却时，水的消耗量很大，带走的热量也不便利用，采用汽化冷却可以弥补这些缺点。汽化冷却的基本原理是：水在冷却管内被加热到沸点，呈汽-水混合物进入汽包，在汽包中使蒸汽和水分离，分离出来的水重新回到冷却管内循环使用，而蒸汽从汽包中引出可供利用。图 5-11 是自然循环和强制循环汽化冷却的原理图。水汽化冷却时吸收的总热量大大超过水冷却时吸收的热量，因此，汽化冷却时水的消耗量降到水冷却时的 1/30~1/25。一般连续加热炉采用水冷却时造成的热损失占总热量支出的 13%~20%，而同样炉子改为汽化冷却时，热损失可降到 10% 以下。

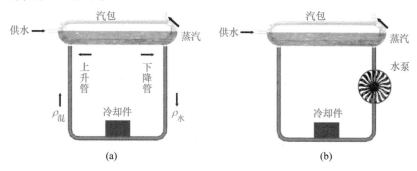

图 5-11　汽化冷却的原理
（a）自然循环原理图；（b）强制循环原理图

图 5-11 动画

5.2　连续加热炉

连续加热炉是轧钢车间加热钢料时应用最普遍的炉子，一般加热坯料时温度都为 900~1350 ℃，热处理时温度都为 700~1150 ℃。在连续加热炉中，炉子的工作是连续的，坯料由炉温较低的炉尾装入，在机械作用下以一定速度向炉温较高的炉头移动，与炉膛内的热气体反向而行，当坯料被加热到工艺要求的温度时，便不断从炉内排出。在稳定工作的情况下，炉气沿炉膛长度方向由炉头向炉尾流动，炉膛温度和炉气温度沿流动方向逐渐降低，但炉内各点温度基本不随时间变化，炉膛内的传热可近似地当作稳定态传热，金属内部的传热则属于不稳定态导热。

根据炉型结构、热工制度等特征可将连续加热炉进行如下分类：

（1）按钢料在炉膛内的运动方式可分为推钢式加热炉、步进式加热炉、环形加热炉、辊底式快速加热炉等；

（2）按被加热金属的形状可分为板坯加热炉、方坯加热炉、圆管坯加热炉、异型坯加热炉等；

（3）按空气和煤气预热方式可分为不预热加热炉、换热式加热炉、蓄热式加热炉等；

（4）按温度制度可分为两段式、三段式和强化加热式；

（5）按出料方式可分为端出料和侧出料加热炉两种。

5.2.1　推钢式加热炉

推钢式加热炉是轧钢车间使用最广泛的一种炉型，这种炉子结构简单、投资省、建造快、维修方便、产量比较高，目前仍有很多轧钢生产厂家使用。根据炉温制度，推钢式加热炉又可分为两段式加热炉、三段式加热炉、多点供热式加热炉。

推钢式加热
炉（视频）

5.2.1.1　推钢式加热炉内物料的运动

图 5-12 所示为推钢式加热炉工作过程示意图。板坯经由装炉辊道运送至加热炉

尾,被推钢机推入炉膛,在炉膛内,板坯由水冷滑道支撑,在推钢机推力作用下,先进入预热段(烟气温度为 850~950 ℃)缓慢升温,达到 500 ℃ 以后再进入加热段(烟气温度为 1400~1500 ℃)快速升温加热,表面温度达到工艺温度后进入均热段进行均热(烟气温度为 1250~1300 ℃),此时板坯表面温度基本不变,芯部温度逐渐升高,断面温差逐渐减小,达到工艺要求后由出钢机取出,放置在出炉辊道上运至轧机进行轧制。

推钢式加热炉的缺点是:(1)钢料进炉后不能返回,只能向前运动;(2)受推钢比的限制,炉膛不能过长,有效长度一般均不超过 40 m,炉膛过长时易粘钢和拱钢;(3)由于钢料在炉底水管上滑动,故钢料下表面易出现划伤现象;(4)钢料在炉底水管上滑动过程中,氧化铁皮易脱落,故氧化烧损量较大;(5)由于钢料靠推钢机推力向前行走,故只能加热方坯或板坯,且平直度要好;(6)钢料之间的紧密接触也导致传热条件变差。

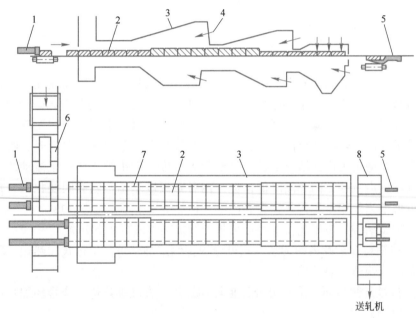

图 5-12　推钢式加热炉工作过程示意图
1—推钢机;2—板坯;3—炉体;4—烧嘴;5—出钢机;6—装炉辊道;7—滑道;8—出炉辊道

5.2.1.2　两段式连续加热炉

图 5-13 所示为两段式连续加热炉的炉型示意图,这种炉子的炉温制度分为加热期和预热期,炉膛结构也相应地分为加热段和预热段。加热厚度小于 100 mm 的薄料时,采用单面加热,加热厚度大于 100 mm 的厚料时,采用上下两面加热,一般多为两面加热,有效炉底强度在 500 kg/(m² · h) 左右。两段式加热炉的上下加热燃料分配比例一般为上加热占 30%~50%、下加热占 50%~70%,下加热供热量较多,主要考虑到炉气的上浮、冷却水管吸热及其对钢料下表面的遮蔽作用,加热段炉温一般为 1250~1350 ℃。

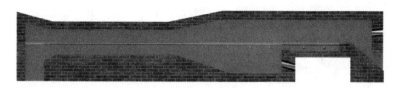

图 5-13 彩图

图 5-13 两段式连续加热炉

5.2.1.3 三段式连续加热炉

图 5-14 所示为三段式连续加热炉的炉型示意图，炉温制度分为预热期、加热期和均热期，炉膛结构也相应地分为预热段、加热段和均热段。与两段式炉温制度相比，提高了加热段温度，实行强化加热，允许坯料产生较大的温差，然后利用温度较低的均热段使坯料温差缩小到工艺允许的范围之内。加热断面尺寸较大的坯料、合金坯料以及对加热温度及其均匀性要求较高的坯料，多采用三段式炉温制度。

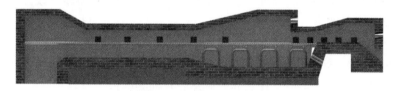

图 5-14 彩图

图 5-14 三段式连续加热炉

三段式连续加热炉的供热是根据加热工艺所要求的温度制度来分配的，一般有三个供热点：上加热、下加热与均热段供热。各段燃料分配的比例大致是：上加热占 20%~40%、下加热占 40%~60%、均热段占 20%~30%。有时为了使炉子在生产中有一定的调节余地，供热能力的配置比例往往大于燃料的分配比例，即烧嘴能力的总和为燃料消耗量的 120%~130%。这样各段供热能力分配的比例大致是 30：40：60。

在三段式连续加热炉中，坯料由炉尾被推钢机推进炉膛后，先进入预热段缓慢升温，此时出炉烟气温度为 850~950 ℃，最高不超过 1050 ℃。坯料进入加热段后进行强化加热，表面迅速升温到出炉要求的温度，此时允许坯料内外有较大的温差。最后坯料进入温度稍低的均热段进行均热，均热段温度一般为 1250~1300 ℃，比坯料出炉温度高约 50 ℃。在均热段，坯料表面温度不再升高，断面温度逐渐趋于均匀。现在，由于余热回收技术的提高，连续加热炉各段的炉温均有所提高，加热段炉温已超过 1400 ℃。

5.2.1.4 多点供热的连续加热炉

对于大型、中厚板及连续薄板的生产来说，轧机产量很大，坯料单重大而厚，并且具有不同的品种和规格，三段式加热炉的小时产量往往供应不上，势必要增加炉子座数，但又会带来其他方面的问题，这就提出如何进一步提高炉子生产率的问题。提高炉子小时产量的方法有两种，一是将炉子适当加长，二是多增设供热点，于是就出现了四点供热、五点供热、六点供热，甚至多点供热的连续加热炉，如图 5-15 所示。这类炉子的有效长度达 30~40 m，小时产量达 100~350 t/h 甚至更高，炉底强度最高接近 1000 kg/(m² · h)，一般在 700 kg/(m² · h) 左右。

图 5-15 彩图

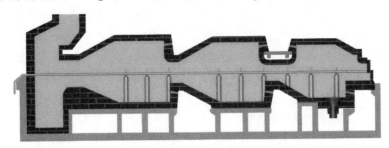

图 5-15   六点供热式板坯连续加热炉

由于多点供热连续加热炉炉温分布更加均匀，坯料所接受的热量大部分来自后半段，此时坯料表面的温度不致造成大量氧化，烧损量有所下降，粘连现象也有所减轻，加热质量有所提高。另外，多点供热时可以灵活调节加热段数，以适应不同的加热制度和产量要求。

5.2.1.5 连续加热炉炉膛基本尺寸

连续加热炉的基本尺寸是根据炉子的生产能力、钢坯尺寸、加热制度制定的，没有严格的计算公式，一般是计算并参照经验数据来确定。

A 炉子宽度的确定

炉宽是由坯料的长度和坯料的排数决定的，坯料和炉墙以及坯料和坯料之间的间隔通常取 $a = 0.2 \sim 0.25$ m，则炉宽为：

$$\left.\begin{array}{ll} \text{单排料} & B = l + 2a \\ \text{双排料} & B = 2l + 3a \end{array}\right\} \tag{5-1}$$

式中，l 为坯料的长度，m。

双排料加热炉宽度示意图如图 5-16 所示。

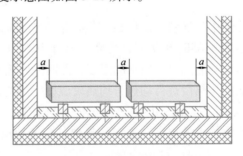

图 5-16   双排料加热炉宽度示意图

B 炉子长度的确定

炉子长度（如图 5-17 所示）有全长和有效长度之分，有效长度是指坯料在炉膛内占有的长度，而全长是从出料口到端墙的距离。

炉子的有效长度是根据总加热能力计算出来的，公式为：

$$L_{有效} = \frac{Gb\tau}{ng} \tag{5-2}$$

式中，G 为炉子的生产能力，kg/h；b 为每根钢坯的宽度，m；τ 为加热时间，h；n 为坯料的排数；g 为每根钢坯的质量，kg。

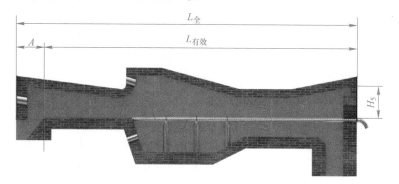

图 5-17 彩图

图 5-17　加热炉的基本尺寸

实际生产中，炉子的有效长度还要受到允许的推钢比及推钢压力的限制，允许的推钢长度与坯料厚度之比称为推钢比。推钢比过大时，推钢阻力增加，坯料容易在滑道上拱起，甚至翻钢，坯料之间也容易发生粘连，所以目前推钢式加热炉的长度没有超过 40 m 的，允许的推钢比一般不超过 300。

炉子的全长等于有效长度加上出料口到端墙的距离 A 值，A 值取决于燃烧情况和出料方式，端出料的炉子需考虑出料斜坡滑道的长度，出料斜坡与水平的夹角一般为 32°~35°，侧出料的炉子只要考虑能设置出料门即可，A 值取 1~3 m。

炉子各段的长度可根据加热时间以及参照类似炉子的经验数据确定，一般三段连续加热炉各段长度的比例大致分配为：预热段占 25%~40%，加热段占 25%~40%，均热段占 15%~25%。多点供热的连续加热炉的加热段较长，占整个有效长度的 50%~70%，预热段很短。

C　炉子高度的确定

到目前为止，炉高只能根据经验来确定，它和燃料种类、烧嘴布置、热负荷大小及炉型结构等因素有关。

炉子的设计要保证火焰能充满炉膛，烧煤的炉子不易组织火焰，炉高应低一些，否则火焰飘在上面，靠近坯料表面炉气温度较低，对传热不利。但炉膛太低，炉墙辐射面积减小，气层减薄，对热交换也不利。炉膛高度要考虑到端墙有一定高度，以便安装烧嘴。

加热段供给的燃料量最多，应有较大的加热空间。大型加热炉的 H_1 可达 3 m，甚至更高，如果用侧烧嘴高度可以降低一些。加热段下加热的高度 H_2 比上加热的低一些，如果炉子太深导致吸入冷风多，将使下加热工作条件恶化。

中型炉子预热段的高度 H_3 和 H_4 在 1 m 左右，H_4 可稍大于 H_3，因为下部炉膛有支持炉底水管的墙或支柱，又受炉底结渣影响，使下部空间减小，适当加高可以减少气流的阻力。提高炉尾高度 H_5，可以减轻由于气流惯性大造成的装料门冒火现象。

均热段比加热段低，因为这里供热量少，还要保证炉膛正压和炉气充满炉膛，避免吸风。均热段和加热段之间炉顶压下高度 h 在 $700 \sim 800$ mm，越低越能保证正压，但至少比两倍坯料高 200 mm。

如果全部采用炉顶平焰烧嘴及侧烧嘴，也可使炉子结构简化，即炉顶完全是平的，此时炉膛要低得多，各段高度都一样，至坯料表面仅 $1 \sim 1.5$ m。这种炉子可以靠调节烧嘴的供热量来调节炉温制度，相当严格地控制炉膛内各段的温度分布。

5.2.1.6　连续加热炉的装料与出料方式

连续加热炉装料方式有端进料和侧进料两种。推钢式加热炉必须采用端进料方式（实物图如图 5-18 所示），坯料的入炉和推移都是靠推钢机构进行的；步进式加热炉则可以采用端进料方式或侧进料方式，其进料过程示意图如图 5-19 所示。

图 5-18 动画

图 5-18　推钢式加热炉进料口实物图

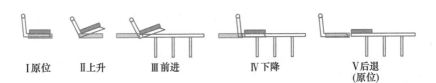

I 原位　　II 上升　　III 前进　　IV 下降　　V 后退（原位）

图 5-19　步进式加热炉进料过程示意图

出料的方式分端出料与侧出料两种，两者各有利弊。加热炉端出料出料口实物图如图 5-20 所示。端出料的优点是由炉尾推钢机直接推送出料，可不单独设置出料机（也可单独设置），侧出料需要有出料机推杆；如果坯料较宽，只能用端出料，若用侧出料，出料门势必开得很大；当轧制车间有几座加热炉时，采用端出料方式可以保证几个炉子共用一个辊道，占用车间面积小，操作也比较方便。但端出料的缺点是出料门位置一般均在炉子零压线以下，出料门宽度几乎等于炉宽，炉膛可能从这里吸入大量冷空气。冷空气贴近坯料表面进入炉膛，对坯料温度影响很大，并且增加金属的烧损，烧损的增加又使炉底上氧化铁皮增多，给操作带来困难。目前只有加热小型坯料或者加热质量要求较高的合金钢坯时才采用侧出料方式。步进式加热炉出钢机出钢过程示意图如图 5-21 所示。

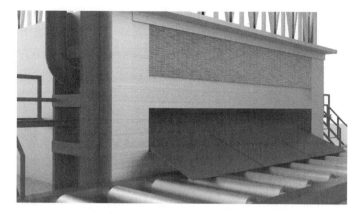

图 5-20　加热炉端出料出料口实物图

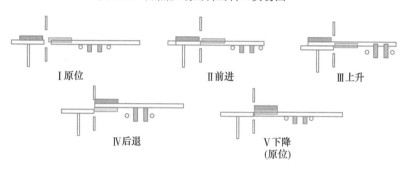

图 5-21　步进式加热炉出钢机出钢过程示意图

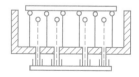

5.2.2　步进式加热炉

步进式加热炉是各种机械化炉底炉中使用最广、发展最快的炉型。20 世纪 20 年代以来，各国新建的大型轧机几乎都配置了步进式加热炉，中小轧机也有不少采用这种炉型的。

5.2.2.1　步进式加热炉内坯料的运动

步进式加热炉是依靠炉底可动的步进梁作矩形轨迹的往复运动，将放置在固定梁上的坯料逐步地从进料端送到出料端，经过炉膛内不同的温度段后使坯料达到工艺要求的温度。图 5-22 是步进式炉内坯料运动的示意图。

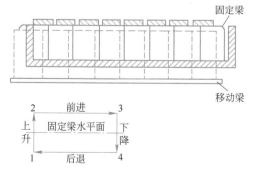

图 5-22　步进式加热炉内坯料的运动

炉底由固定梁和移动梁（步进梁）两部分组成。最初坯料放置在固定梁上，这时移动梁位于坯料下面的最低点 1。开始动作时，移动梁由点 1 垂直上升到点 2 的位置，在到达固定梁平面时把坯料托起；接着移动梁载着坯料沿水平方向移动一段距离从点 2 到点 3，然后移动梁再垂直下降到点 4 的位置；当经过固定梁水平面时又把坯料放到固定梁上，这时坯料实际已经前进到一个新的位置，相当于在固定梁上移动了从点 2 到点 3 这样一段距离；最后移动梁再由点 4 退回到点 1 的位置。这样移动梁经过上升—前进—下降—后退四个动作完成一个周期，坯料便前进一步。然后又开始第二个周期，不断循环使炉料一步步前进。移动梁往复一个周期所需要的时间和升降进退的距离，是按设计或操作规程的要求确定的。步进周期和行程可以根据坯料种类和断面尺寸确定坯料在炉内的加热时间进行调整。移动梁的运动是可逆的，当轧机故障要停炉检修，或因其他情况需要将坯料退出炉子时，移动梁可以逆向工作，把坯料由装料端退出炉外。移动梁还可以只作升降运动而没有前进或后退的动作，即在原地踏步，以此来延长坯料的加热时间。因此，步进式加热炉可以通过控制步进梁的运动灵活地控制坯料的加热。

5.2.2.2 步进式加热炉的炉底结构

炉底可分为活动部分和固定部分，它们可以是钢梁，也可以是耐火砖砌筑的实底炉。按照炉底构造和所用材质，具体可划分为：（1）由耐热钢铸件组成的步进梁和固定梁；（2）由耐火材料覆盖的步进梁（也称步进床）；（3）水冷的步进梁和固定梁。前两者采用单面加热，后者采用双面加热。

A   耐热钢步进梁和固定梁炉底

耐热钢步进梁和固定梁炉底结构如图 5-23 所示，一般采用耐高温的合金钢作为步进梁及固定梁的材质，如 Cr30Ni14、Cr26Ni14 等，适用炉膛温度为 1150~1200 ℃。这种步进炉的优点是重量轻，而且可以做成锯齿状，适用于钢管的加热，缺点是炉温受耐热钢材质的限制。此外，要求耐热钢质量好，在高温下要有足够长的使用寿命（1~2 年，甚至更高），因此，用这种耐热钢供给工业炉使用尚有一定困难。为了节省耐热钢，可以只在步进梁顶面上用一层耐热钢外壳，下面用耐热混

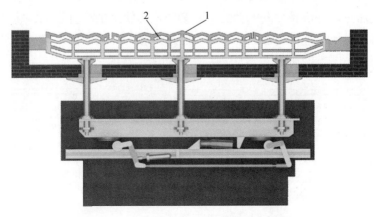

图 5-23 彩图

图 5-23   耐热钢步进梁和固定梁炉底结构
1—固定梁；2—步进梁

凝土代替。目前，用耐热钢做步进梁和固定梁的炉子主要用在钢管热扩及张力减径前的加热，将步进梁和固定梁做成锯齿状，以便于钢管放置，同时步进梁和固定梁锯齿在安装时有意错开一定角度，使钢管在步进运动过程中可以转动一个角度，钢管加热更均匀。

B　耐火材料覆盖的步进梁炉底

如图 5-24 所示，在步进梁上覆盖足够厚度的耐火材料，就有可能提高炉膛温度，最上层耐火材料必须耐高温，并具有足够的强度，尤其砌筑在步进梁两侧边缘上的耐火材料，为防止受振动后掉落，可采用大块耐火混凝土砌筑。炉底耐火材料下面需要铺一层绝热砖和石棉板，这种步进炉炉底绝热和砌筑质量很重要，否则炉底温度升高，钢梁会发生变形，甚至不能正常工作。设计良好的步进炉能保证炉底下面钢板温度在 150 ℃ 以下。当炉膛较宽或加热坯料长度有变化时，可采用两个步进梁，应该保证它们动作同步以防止坯料在炉膛中间歪斜。这种耐火材料覆盖的步进梁炉底的优点是炉温高，节省大量耐热钢，缺点是比较笨重。

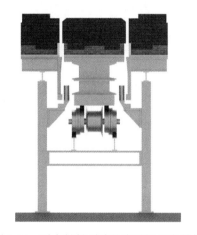

图 5-24 彩图

图 5-24　耐火材料覆盖的步进梁炉底结构

C　水冷的步进梁炉底

耐热钢步进梁和固定梁炉底、耐火材料覆盖的步进梁炉底的炉底结构的共同缺点是不能进行上下两面加热，只能加热厚度在 150 mm 以下的坯料。为了克服这个缺点，发展了上下两面同时加热的水冷步进梁炉底，如图 5-25 所示。步进梁采用冷却水管来支撑坯料，以便进行两面加热，这种炉子适用于板坯、方坯加热，尤其是合金钢坯料的加热，其产量大、加热质量好、机动灵活。但这种炉子也存在一定的缺点，如冷却水消耗量大、带走热量多、造价高、需要良好的设备维护等。

5.2.2.3　步进式加热炉的步进机构

步进机构包括活动梁提升和平移运动机构以及驱动机构两部分，其中提升运动机构是最重要的。它的作用是使笨重的炉底负荷（包括梁重、炉底耐火材料以及布满钢坯的重量）能平稳地提升至规定高度。为减小提升所需作用力，就需要采用一些省力机构，这就出现了多种结构形式，如图 5-26 所示。

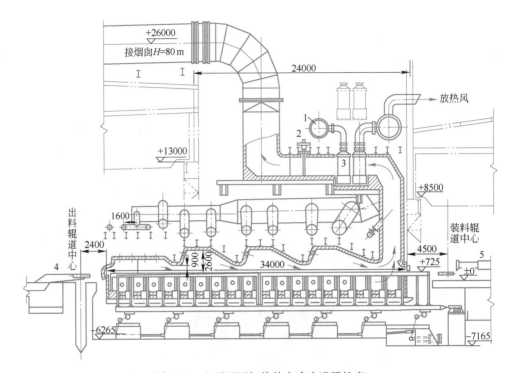

图 5-25 上下两面加热的水冷步进梁炉底
(用于热连轧板坯加热)
1—冷风总管；2—烟道闸板；3—预热器；4—出钢机；5—推钢机

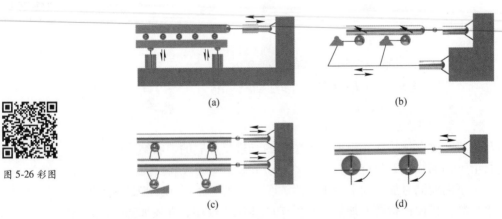

图 5-26 彩图

图 5-26 步进式加热炉的步进机构
(a) 油缸直接顶起式；(b) 杠杆式；(c) 斜块滑轮式；(d) 偏心轮式

  图 5-26 (a) 所示为油缸直接顶起式，结构简单，但只用于小炉子，要保证两个油缸同步比较困难，因此目前用得很少；图 5-26 (b) 所示为杠杆式；图 5-26 (c) 所示为斜块滑轮式；图 5-26 (d) 所示为偏心轮式。后三种结构形式比较常见，我国应用较普遍的为斜块滑轮式，其结构简单运行可靠。斜块滑轮式步进机构实物图如图 5-27 所示。

图 5-27 斜块滑轮式步进机构实物图

5.2.2.4 步进式加热炉的优缺点

和推钢式加热炉相比，步进式加热炉具有以下优点：（1）可以加热各种形状的坯料，特别适合推钢式加热炉不便加热的大板坯和异型坯；（2）生产能力大，炉底强度可以达到 $800 \sim 1000 \ kg/(m^2 \cdot h)$，与推送式炉相比，加热等量的坯料炉子长度可以缩短 $10\% \sim 15\%$；（3）炉子长度不受推送比的限制，不会产生拱料、粘连现象；（4）炉子灵活性好，在炉长不变的情况下，通过改变坯料间距就可以改变炉内料块数量，以适应产量变化的需要，而且步进周期也是可调的，如果加大每一周期前进的步距，就意味着坯料在炉内的时间缩短，从而可以适应不同金属加热的要求；（5）单面加热的步进式炉没有水管黑印，不需要均热床，双面加热的情况比较复杂，对黑印的影响要看水管绝热情况而定；（6）由于坯料不在炉底滑道上滑动，坯料下面没有划痕。推送式炉由于推力震动，使滑道及绝热材料经常损坏，而步进式炉不需要这些维修费用；（7）轧机故障或停轧时，能踏步或将物料推出炉膛，避免坯料长期停留炉内造成氧化和脱碳；（8）可以准确计算和控制加热时间，便于实现过程自动化。

步进式加热炉存在的缺点是：（1）与同样生产能力的推送式炉相比，造价高 $15\% \sim 20\%$；（2）双面加热的步进式炉炉底支撑水管较多，水耗量和热耗量超过同样生产能力的推送式炉。经验数据表明，在同样小时产量下，步进式炉的热耗量比推送式炉高 $160 \ kJ/kg$。

5.2.3 环形加热炉

环形加热炉主要用来加热圆钢坯及其他异型钢坯（如车轮、轮箍坯、饼坯、管坯等），也可加热方坯，这种炉型主要用在无缝钢管厂和锻造厂加热坯料，其实物图如图 5-28 所示。

5.2.3.1 炉子基本构造

图 5-29 所示为环形加热炉的外观结构图，图 5-30 所示为截面放大示意图。它由转动的炉底、固定的炉墙和炉顶构成的环形隧道组成。圆形的炉顶是由若干个扇形组成的，可以采用拱顶或吊顶。炉墙分为内环墙和外环墙，烧嘴装在侧墙上，各段

图 5-28　环形加热炉实物图

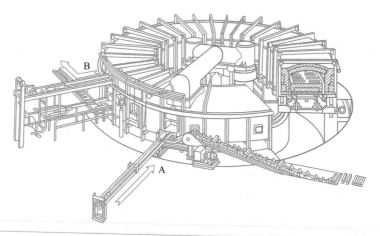

图 5-29　环形加热炉
A—装料门；B—出料门

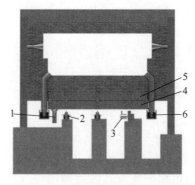

图 5-30　环形加热炉截面示意图
1—传动齿轮；2—支撑辊；3—定心辊；4—下环；5—上环；6—水封

烧嘴的数目和供热分配不同，像一座全部侧烧嘴的连续加热炉弯过来首尾相连一样。当炉膛很窄时，炉子仅由外环墙一侧供热，当炉子宽度大于 3 m 时，则外环墙和内环墙两侧供热。环形加热炉结构上没有明显的分段，主要靠烧嘴的配置和供热强度来控制温度制度，各段的长度并不固定，例如炉子在低负荷下工作时，就可以关闭一部分加热段烧嘴，预热段就相对延长。为了使炉子温度的控制与调整有较大的灵活性，炉子分为几个供热段，一般直径较大的炉子（平均直径 15~25 m），设 3~4 个供热段，直径较小的炉子（平均直径 8~15 m）设 1~2 个供热段。每一段有单独的煤气管和空气管，可以单独调节燃料供应量。各段燃料的分配比例大致为：均热段 20%~25%，加热段（又分为 3~5 个小段）70%~80%，预热段 0~15%。总供热能力按燃料消耗量的 120% 配置。

为了使炉子各段的温度更符合加热工艺的要求，环形加热炉都设有水冷梁支托的吊挂式隔墙。隔墙的数目和位置不定，一般设有三道隔墙：（1）在加热段和预热段之间设一道隔墙，以减少加热段向预热段的热辐射；（2）在均热段和出料口之间设一道隔墙，防止因出料口经常开启而降低均热段温度，还防止均热段热气直接进入排烟道；（3）在装料口与出料口之间也有一道隔墙（有时有两道），以避免装料口吸入冷风，对出料口的热坯料造成不良影响，也防止均热段热气短路直接进入排烟道。隔墙距离炉底的间隔高度，应保证加热最大直径的坯料时能自由通过，还考虑到氧化铁皮在炉底上的堆积，故间隔高度一般约为 140 mm。

炉子的排烟口设在装料口附近，小炉子设在外环墙上，大炉子环内空间大，为了利用环内空间，大炉子设在内环墙上，有的炉子还有中间排烟口，一至数个不等，用以在加热合金钢锭时，更好地调节炉子的温度。各分烟道的烟气汇集到总烟道，通往换热器。

环形加热炉炉底的传动有两种方式：一种是机械传动，靠主动齿轮来传动炉底钢结构下面固定的环形齿条；另一种是液压传动，利用液压缸驱动拨杆拨动炉底，每次使炉底转动一定角度（约 5°），即一个工位，隔 60 s 左右为一个工作周期。两种传动方式均应有逆转的机构。炉底全部环形钢结构和砌在它上面的耐火材料的重量由若干个支撑辊支撑。为保证炉底旋转不发生偏心位移还设有若干定心辊。环形加热炉的定心辊和支撑辊结构如图 5-31 所示。

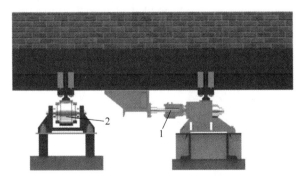

图 5-31 环形加热炉的定心辊和支撑辊结构
1—定心辊；2—支撑辊

图 5-31 彩图

为防止冷空气从固定炉墙与旋转炉底之间的缝隙漏入炉内，要采用密封装置，可以采用沙封或水封。

坯料的装炉和出炉采用专门的夹钳，每装一次料，炉底转动一个角度，然后又装下一块坯料。装炉与出炉同时进行，并且可以与炉底传动装置连锁，实现装料和出料的自动化。当装料和出料的时间间隔较长时，则装料和出料后可以关闭炉门，当装料和出料比较频繁时，为了防止炉门吸入冷空气或冒火，可以在装料口及出料口设置汽幕或火封烧嘴。

5.2.3.2 坯料在炉膛内的运动

如图 5-32 所示，环形炉工作时，被加热的坯料由加料机送入装料门 A 放在炉底上，坯料随着炉底一起缓慢旋转。在炉子外侧和内侧墙上装有一定数量的烧嘴或喷嘴，对坯料进行预热、加热及均热。被加热好的金属坯料最后从出料门 B 由出料机取出供轧制或锻造使用。

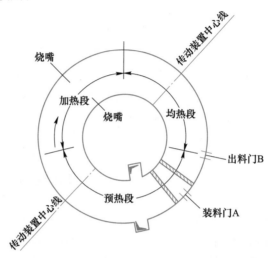

图 5-32 环形加热炉的俯视图

5.2.3.3 环形加热炉的优缺点

环形加热炉具有以下优点：（1）可以准确地控制炉子的转速和坯料之间的间隔距离，各段的温度可以根据需要通过调整供热量及利用中间烟道实行控制，炉子的产量、热工制度等都有较大的灵活性；（2）由于坯料之间有间隙，三面受热，温度均匀，没有水管黑印，加热质量好；（3）可以加热推钢式加热炉和步进式加热炉所不能加热的异型坯料；（4）可以采取微正压操作，烧损率比推送式连续加热炉减少 1.5%~2%；（5）炉子可以排空，避免停轧时坯料在炉内长期停留，便于更换坯料规格；（6）几乎没有水冷构件，热耗比较低。

环形加热炉也存在一些缺点：（1）机械设备复杂，占地面积大，投资费用高；（2）坯料之间有间隙，炉底面积利用率低，炉底强度只及推钢式加热炉的一半左右；（3）装料门和出料门相距很近，送料与出料的区域窄，操作不便。

5.2.4 蓄热式加热炉

5.2.4.1 高效蓄热式加热炉的工作原理

高效蓄热式加热炉主要由以下几个部分组成：换向阀及控制机构、蓄热室及蓄热体、高温气体通道和喷口、空煤气供给系统和排烟系统。其结构示意图如图 5-33 所示。

蓄热式加热
炉（视频）

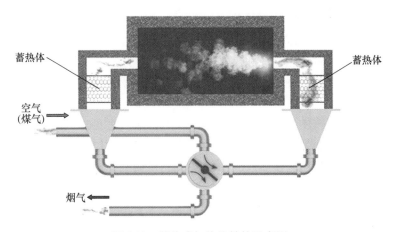

图 5-33 动画

图 5-33 蓄热式加热炉结构示意图

高效蓄热式加热炉工作原理图如图 5-34 所示，工作过程如下。

（1）在 A 状态（如图 5-34（a）所示），空气、煤气分别通过换向阀，经过蓄热体换热，空气、煤气被预热到 1000 ℃左右，从喷口喷出，边混合边燃烧，燃烧产物经过炉膛加热坯料，进入对面的排烟口（喷口），由高温废气将另一组蓄热体预热，废气温度下降至 150 ℃以下，低温废气通过换向阀，经引风机排出。几分钟以后控制系统发出指令，换向机构动作，空气、煤气同时换向到 B 状态。

（2）在 B 状态（如图 5-34（b）所示），换向后煤气和空气从右侧通道喷口喷出并混合燃烧，这时左侧喷口作为烟道，在排烟机的作用下，使高温烟气通过蓄热体排出，一个换向周期完成。蓄热连续式加热炉，就这样通过 A、B 状态的不断交替蓄热、换热实现对坯料的加热。

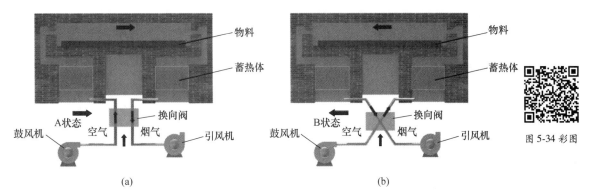

图 5-34 彩图

图 5-34 高效蓄热式加热炉的工作原理
（a）A 状态；（b）B 状态

高效蓄热式加热炉取消了常规加热炉上的烧嘴、换热器、高温管道、地下烟道及高大的烟囱。操作及维护简单，无烟尘污染，换向设备灵活，控制系统功能完备。采用低氧扩散燃烧技术，形成与传统火焰迥然不同的新型火焰类型，空、煤气双预热温度均超过 1000 ℃，创造出炉内优良的均匀温度分布，节能 30%~50%，钢坯氧化烧损可减少 1%。

5.2.4.2 蓄热式加热炉的种类

新型蓄热式加热炉可以用于推钢式加热炉，也可以用于步进式加热炉，可以单独预热空气，也可同时预热空气和煤气。

蓄热式加热炉主要有烧嘴式、内置蓄热室式、外置蓄热室式三种类型。三种类型各有优缺点。

蓄热室是放置蓄热体的设备，也是热交换的区域。它可以放置在炉墙内，称为内置式；也可以在炉墙外单独设置，称为外置式。内置式以加厚的炉墙为四壁，外置式的外壳由型钢及钢板焊接而成或由混凝土浇筑而成，四壁砌筑耐火材料。蓄热室中间堆放蓄热体，要求蓄热室密封性能要好，焊接处要求气密性焊接，耐火材料砌筑泥浆要饱满，绝不允许有串火或气体泄漏。常用蓄热体包括蜂窝体式蓄热体、陶瓷小球体式蓄热体，其实物图如图 5-35 所示。我国目前通常采用的是陶瓷小球体式蓄热体，其原因是尽管在压力损失方面与蜂窝体式蓄热体相比有些不利，但考虑到单位体积的蓄热量、蓄热体的耐用强度、堵塞时的清扫、便于更换已破碎和损坏的蓄热体等方面，陶瓷小球体式蓄热体具有一定的优越性，选择陶瓷小球体式蓄热体还是有利的。

图 5-35 彩图

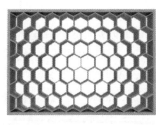

(a)

(b)

图 5-35　蜂窝体式蓄热体（a）和陶瓷小球体式蓄热体（b）实物图

内置蓄热室加热炉是我国工程技术人员经过十年的研究实验，在充分掌握蓄热式燃烧机理的前提下，结合我国的具体国情，开拓性地将空、煤气蓄热室布置在炉底，将空、煤气通道布置在炉墙内，既有效地利用了炉底和炉墙，同时没有增加任何炉体散热面。这种炉型目前在国内成功使用的时间已经有二十余年，技术非常成熟，尤其适用于高炉煤气的加热炉。

内置蓄热室加热炉所特有的煤气流股贴近钢坯，煤气和空气在炉内分层扩散混合燃烧。由于在钢坯表面形成的气氛氧化性较弱，抑制了钢坯表面氧化铁皮的生成趋势，使得钢坯的氧化烧损率大幅度降低（韶钢三轧厂加热炉加热连铸方坯实测的氧化烧损率仅为 0.7%；苏州钢厂 650 车间加热钢锭的加热炉停炉清渣间隔周期超过一年半）。对于加热坯料较长和产量较大的加热炉，由于对加热钢坯宽度方向上即沿炉长方向的温差要求较高，对于常规加热炉而言，由于结构和设备成本的限制，烧嘴间距一般均在 1160 mm 以上，造成炉长方向温度不均而影响加热质量，而内置蓄热室加热炉所特有的多点分散供热方式，喷口间距最小处达 400 mm，并且布置上更灵活，不受钢结构柱距的限制，炉长方向上温度曲线几近平直，使得加热坯料的温度均匀性大大提高。内置蓄热室加热炉对设计和施工要求较高，施工周期相对较长，几乎无法通过对现有的加热炉改造而实现，但对新建加热炉非常适合，并且适用任何发热量的燃料。

外置蓄热室加热炉（见图 5-36）是介于内置蓄热室加热炉与蓄热式烧嘴（RCB）加热炉之间的一种形式，将蓄热室全部放到炉墙外，体积庞大，占用车间面积大，检修维护非常不便。炉体散热量成倍增加，蓄热室与炉体连通的高温通道受钢结构柱距的限制，空气、煤气混合不好，燃烧不完全，燃料消耗高，更无法实现低氧化加热。它既没有蓄热式烧嘴灵活，又没有内置蓄热室加热炉合理，但适用于任何发热量燃料的老炉型改造。

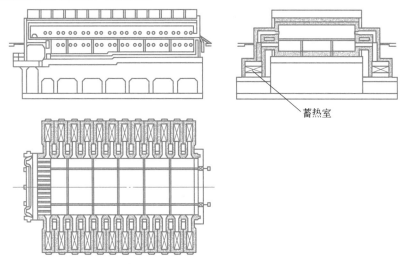

图 5-36　外置蓄热室加热炉

图 5-37 所示为蓄热式烧嘴加热炉的示意图。这种炉型多用于清洁煤气（低含尘量、低焦油），煤气不需预热，只预热空气，同时也没有脱离传统的烧嘴形式。蓄热式烧嘴是蓄热系统的关键设备之一，烧嘴布置在炉子两侧，两侧烧嘴交替进行燃烧和排烟。烧嘴几乎沿整个炉长均匀布置，这样能充分发挥整个炉子的加热作用，炉长方向的炉温不再是明显的三段式炉温制度，但仍可分为几个加热区，可灵活调整各段的温度。

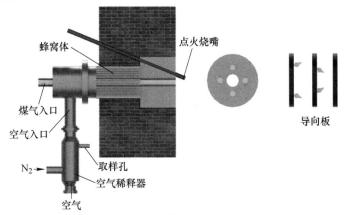

图 5-37 彩图

图 5-37　蓄热式烧嘴加热炉示意图

5.2.4.3 蓄热式燃烧技术的主要特点

蓄热式燃烧技术的主要特点是：（1）采用陶瓷小球或蜂窝体构成的蓄热室结构简单紧凑，比表面积比老式格子砖大数十倍，提高了传热系数；（2）由于热效率可以达到85%，能将空气预热到1000 ℃左右，而排烟温度可降至150 ℃以下，余热回收率达到70%；（3）使低热值煤气的应用范围大大扩展；（4）降低空气消耗量，低 CO_2、NO 排放，CO_2 排放减少 10% ~ 70%，NO 排放减少 40% 以上，有利于减少污染，改善环境；（5）提高了炉温，在相同炉子尺寸条件下，其产量可提高 20% 以上；（6）空气或煤气经过预热后，直接进入炉膛燃烧，不再需要管道保温包扎和高温阀等。

均热炉
（视频）

5.3 均热炉

均热炉是初轧生产中加热钢锭的重要设备，其实物图如图 5-38 所示。目前，普通钢铁生产企业几乎全部以连铸坯取代了铸锭，只有在特殊钢生产企业仍有很大一部分以铸锭为原料的轧制开坯和锻造生产，这种铸锭的加热一般仍采用均热炉。一般要求将炼钢厂生产出来的钢锭趁热迅速送到均热炉中进行均热、保温或加热，以便在较短时间内将钢锭均匀加热到工艺要求的温度。

图 5-38 彩图

图 5-38 均热炉实物图

5.3.1 均热炉的炉型

5.3.1.1 蓄热式均热炉

蓄热式均热炉是近代均热炉比较早的一种炉型，其构造如图 5-39 所示。它依靠炉子两端的一对蓄热室来预热空气和煤气至 800 ~ 900 ℃，它们从喷火口喷出，边混合边燃烧。燃烧产物经过炉膛使钢锭得到加热，废气由对面喷火口排出，进入另一对蓄热室中将格子砖加热，最后由下部烟道排出。每隔 10 ~ 12 min，蓄热室换向一次，空气和煤气则从另一对蓄热室引入，按上述相反方向流动。每个炉坑一般装 6 ~ 10 根钢锭，每组炉子由 4 个炉坑组成，有共同的结构及烟囱。由于炉子建造了蓄热室，故空气和煤气预热温度很高，因此，可以采用低发热量的煤气作燃料，直至完全用高炉煤气进行加热。蓄热式均热炉的优点是烧钢快、产量高、燃耗低，可以应用低发热量煤气甚至纯高炉煤气进行加热，炉子寿命较长。缺点是炉温不均匀，靠喷火口处和下部炉温高，钢锭有烧化和过烧的危险；蓄热室包括换向设备，结构和操作都很复杂，基建投资大；喷火口的结构很难保证完全燃烧，因为它同时兼有排气的任务，所以很难提高空气、煤气的混合速度；由于蓄热室预热温度波动大，实现自动调节比较困难。由于存在上述缺点，故现在新建炉子时不再采用这种炉型。

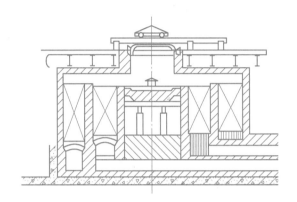

图 5-39　蓄热式均热炉

5.3.1.2　底部中心烧嘴均热炉

底部中心烧嘴均热炉结构如图 5-40 所示，其炉膛基本上呈方形，钢锭沿四边炉墙放置，烧嘴放在炉底中央，燃料和经过炉子下部陶土预热器预热的空气边混合边燃烧，火焰或炉气先向上然后下折，经过钢锭由两侧烟道口进入陶土预热器后再经烟道排出。炉坑一般长 4.3~5.7 m，宽 3.77~4.8 m，高 2.8~3.8 m，每坑可放 12~18 块甚至更多钢锭。这种均热炉一般两个坑一组，通常两组共用一个烟囱。这种均热炉炉温均匀性比蓄热式均热炉好一些。由于钢锭不直接和火焰接触，故钢锭加热质量也好些，尤其对合金钢来说，比较适合采用这种炉型结构。其缺点是炉温仍然

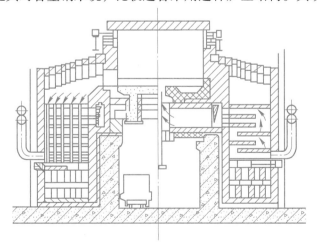

图 5-40　底部中心烧嘴均热炉

不均匀，靠近炉子顶部炉盖处温度最高，而下部温度低，钢锭靠近火焰一侧温度高，靠炉墙一侧温度低；炉底利用率低，因为烧嘴布置在炉底中央，而四周还有烧嘴围墙占去炉底15%~25%的面积，炉底利用率最高仅为35%；陶土预热器漏风严重，最好情况下漏气率也有10%，使用至最后漏气率可达60%；炉体寿命低，维修工作量大。

5.3.1.3　上部四角烧嘴均热炉

图5-41所示为一种对底部中心烧嘴均热炉进行改造后的炉型。改造主要措施是取消炉底中心烧嘴，改在炉膛四角安装四个烧嘴，炉膛下部接近炉底处仍安装四个小型辅助烧嘴。

在这种均热炉中，热风从预热器出来后经过炉墙四角上升道送至烧嘴外围。这种炉子的优越性表现在：延长了炉体寿命，增加了作业时间；提高了产量，因为炉底利用率提高了，每个炉坑钢锭装得更多；改善了操作条件，过去装钢时，因为害怕碰坏炉底中央烧嘴围墙，钳式吊车工作比较困难，改造后炉底平坦，装钢更方便；炉内温度调整方便，因此炉内上下温差比炉底中心烧嘴均热炉小，为缩短加热时间，改善加热质量创造了有利条件。

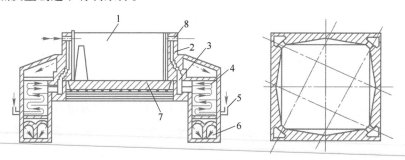

图5-41　上部四角烧嘴均热炉
1—炉膛；2—热风道；3—总热风道；4—预热器；5—空气入口管道；
6—下部烟道；7—炉底；8—上部侧烧嘴

5.3.1.4　上部单侧烧嘴均热炉

上部单侧烧嘴均热炉的特点是烧嘴安装在炉坑一侧上方，燃料在钢锭上部炉膛空间燃烧后，炉气折回经钢锭后从烧嘴同一侧墙的下面烟道口排出，经过预热器后进入余热锅炉或烟囱。由于炉膛内炉气流动呈U形，因此也有人称它为"U形焰"均热炉，其结构简图如图5-42所示。

上部单侧烧嘴均热炉炉膛呈长方形，尺寸范围为：长4.9~10.8 m，宽2.14~4.0 m，高3.8~5.1 m。每2~4个炉坑为一组。上部单侧烧嘴均热炉的优点是：节省厂房面积；炉底利用率最大可达45%；炉膛可做得大些，装入量多，便于和大转炉配合；结构简单投资便宜，节省厂房面积。主要缺点是炉温不均匀，突出地表现在沿炉长方向温度不均，炉子上下温度也不均匀，上部温度高，下部靠炉底温度低。

5.3.2　均热炉的操作

均热炉要根据钢锭的材质、尺寸规格、装炉温度、出炉温度等确定炉子的加热制度。

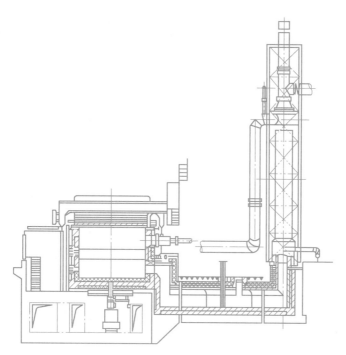

图 5-42 上部单侧烧嘴均热炉

5.3.2.1 装炉

钢锭装炉分冷锭装炉和热锭装炉，为提高均热炉的生产率、降低能耗，一般情况下均采用热锭装炉，现代均热炉热工操作的发展趋势是采用液芯钢锭均热和微能加热。液芯钢锭均热是在钢锭中心尚呈液态时即将钢锭装入炉中进行加热，这样钢锭带入大量凝固潜热，使炉子热耗大幅度降低，生产率明显提高，而且液芯钢锭加热周期短，氧化烧损率也下降。此外，由于不必高温烧钢，炉子寿命可以延长，所以现代均热炉均力求提高热装率。

要提高热锭的液芯率，首先是增加钢锭的单重和外形表面积之比，如钢锭单重太小，外形表面积相对较大，则散热面积大，在传搁时间一定的条件下，液芯率也较低。其次要尽可能减少传搁时间，严格控制传搁过程的每个环节，科学地编制传搁时间表。热锭脱模后，宜采用保温罩式保温车送往初轧厂，或在均热车间脱模，尽量缩短运送的时间和线路，炼钢和轧钢之间协调配合，钢锭甚至可以不进均热炉，保温后直接轧制。

5.3.2.2 加热和均热

传统均热炉的温度制度可以根据不同的钢种、尺寸、锭温，分别采用一段、二段或三段温度制度。

高温的低碳钢液芯热锭，中心还未完全凝固，这时可以采用一段温度制度。钢锭装炉后立即以较大的热负荷使表面温度迅速升高，而中心温度还有所降低，达到均热的目的。例如炉温 1400 ℃时，900 ℃的低碳钢锭加热时间只需 15~20 min。

　　加热冷装的低碳钢锭或 500~900 ℃的高碳钢及合金钢锭，可以采用二段温度制度，即加热期和均热期。开始即以较大的热负荷使之尽快达到加热温度，加热速度不受限制，然后在表面温度基本不变的情况下进行均热，直到温差达到要求即可出炉。

　　三段温度制度可用于加热低温或冷的合金钢锭，为防止开始加热太快产生缺陷，装炉后需要有一段闷炉时间进行缓慢加热，即预热期。当温度超过 900 ℃以后，再加大热负荷快速加热，即加热期。最后为消除表面与中心温差进行均热，即均热期。

　　过去传统的加热制度都是着眼于提高生产率，实现快速加热，一开始就以最大的热负荷提高表面温度，这样炉气带走的余热很多，燃耗也高。现在已从追求高产转而强调节能，采取节能的热工操作方法。这类方法也有多种，如"逆 L 型加热制度"。该制度适用于表面温度在 900 ℃左右的液芯钢锭，热锭入炉以后，不是高温快烧，而是以低的热负荷供热，维持钢锭表面温度不下降，同时充分利用内部未凝固的潜热使表面升温，待中心温度下降到尚可满足轧制要求时，即可出炉，因为这种加热制度的供热曲线是反写的"L"，故称为逆 L 型加热制度。

热处理炉
（视频）

5.4　轧钢厂常见的热处理炉

　　轧钢厂生产的产品品种和规格很多，一部分成品轧制后直接使用，另有一部分产品需进行热处理后使用。钢材经过适当的热处理可以显著地提高力学性能与理化性能，对于充分发挥钢材的性能潜力、节省钢材、提高设备寿命十分有益。轧制产品的热处理主要包括退火、正火、高温回火、淬火等。使用比较广泛的炉型有台车式炉、辊底式炉、罩式炉和连续退火炉等，广泛用于中厚钢板、冷轧薄板、型钢等的热处理。

5.4.1　辊底式热处理炉

　　辊底式热处理炉主要用于中厚钢板的正火、回火或与压力淬火机配合对钢板进行淬火，如图 5-43~图 5-45 所示。

图 5-43 彩图

图 5-43　辊底式热处理炉实物图

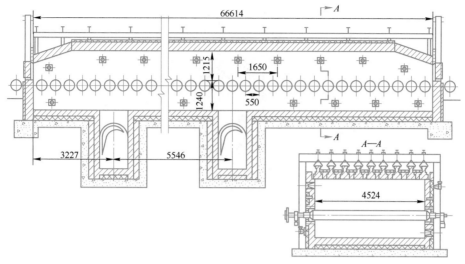

图 5-44　厚钢板热处理炉

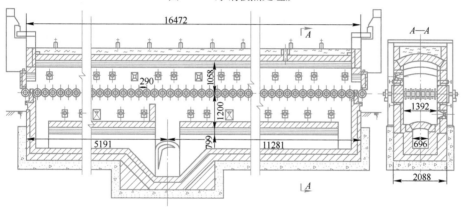

图 5-45　薄板热处理炉

用于中厚钢板热处理时可处理碳素钢与合金钢钢板，钢板的淬火或正火温度为850~950 ℃，产量为 32~40 t/h，回火温度为 600~720 ℃，高温回火也有加热到1150 ℃的。辊底炉的装出料任务由炉辊承担，根据不同品种要求，钢材在炉内可连续通过，也可在炉内前后摆动加热和均热，然后高速出料。辊底式炉由炉膛、炉辊、传动系统和控制系统等组成。其中，炉辊是炉内最重要的部件，炉辊结构有平辊、碳化硅外套辊和盘式辊等。炉辊用耐热钢制造时价格昂贵，炉辊之间距离按炉料尺寸和强度计算确定，过大时钢材悬臂长，可能下挠碰撞炉辊，辊距过小时增加投资，并削弱钢材下部供热。炉子的整个炉体与下部烟道是分开的，炉体砌在坚固的基础上，防止炉体下沉将炉辊卡住。为便于检修与更换炉辊，使用平辊时可采用侧抽换辊方式，使用盘式炉辊时，需采用可吊卸的活动炉顶。

5.4.2　罩式退火炉

罩式退火炉是间歇式工作的炉子，主要用于冷轧板带的光亮退火或中厚钢板退火、回火及缓冷处理，如图 5-46 所示。

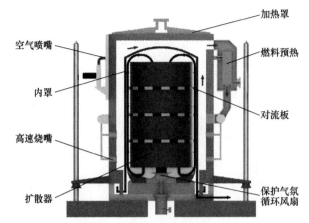

图 5-46   罩式退火炉结构示意图

用于冷轧板带的光亮退火时，可对普通钢卷进行再结晶退火和光亮退火，退火温度一般在 700~850 ℃，也可用于冷轧变压器硅钢成品的高温退火，使硅钢进行二次再结晶和晶粒长大，形成取向组织，退火温度一般在 1050~1150 ℃。罩式退火炉由固定的炉台和可移动的外罩、内罩三部分组成。内罩里面通保护气体，主要是 N_2，适当配以 H_2 的，也有采用全 H_2 的，炉底采用强力风扇加强对流传热，钢卷的加热、均热和冷却都在罩内进行。炉型分单垛式及多垛式两种。单垛式炉的内外罩及炉台都是圆形的，料垛高 4~5 m，装料量一般为 30~40 t，其结构如图 5-47 所示。

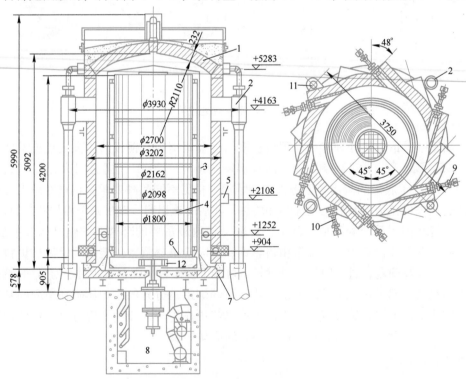

图 5-47   钢卷单垛罩式退火炉

1—外罩；2—排烟装置；3—双层内罩；4—对流板；5—煤气管道；6—下垫板；
7—炉台；8—炉底通廊；9—上排烧嘴；10—下排烧嘴；11—定位柱；12—循环风扇

多垛式炉的外罩及炉台呈矩形，内有 2~8 个料垛，成单排或双排布置，每个料垛仍用圆形内罩。这种罩式炉都使用保护气体并在炉底设有强制循环装置，较之自然循环可提高产量 20%~30%，并能改善加热质量。这类罩式炉的发展趋势是大型化，目前最大钢卷质量达到 40~60 t，一垛的装入量达到 120~150 t。

用于钢板退火、回火及缓冷处理时，大多采用矩形罩式热处理炉，其结构形式如图 5-48 所示。与其他罩式退火炉相比，它的结构简单，不用传动机构，可节省炉用机电设备投资。另外，罩式炉的热效率高、节省燃料、生产率高。但使用罩式炉的车间要有较高的厂房，并配备大吊车，厂房吊车轨面标高为 10~12 m，吊车起重能力为 30~50 t。罩式炉的炉台较多时占用的生产面积随之增加，中厚板罩式退火炉尺寸较大，外罩也比较重。

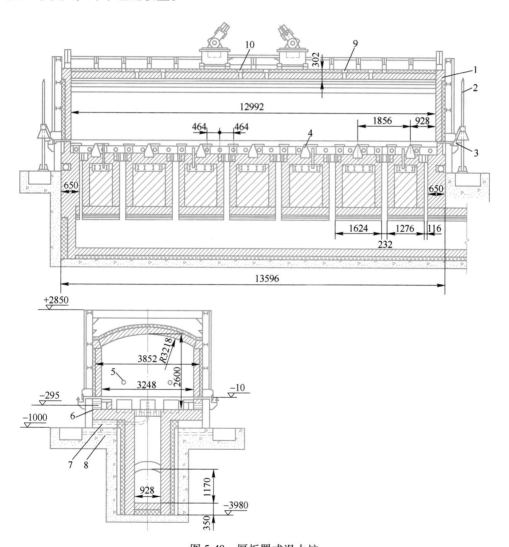

图 5-48　厚板罩式退火炉

1—外罩；2—定位柱；3—沙封；4—垫铁；5—窥视孔；6—烧嘴砖；7—热电偶导线；
8—基础通风管；9—热电偶孔；10—测压孔

　　罩式炉工作时，利用吊车将钢卷装在炉台上，再把内罩与外罩吊起放在炉台上将炉台上的钢卷罩起来，三者组成一台完整的炉子。一般一个外罩可以配备 2~3 个炉台及 2~3 个内罩，其中一个炉台在加热，一个炉台在冷却，而另一个炉台可能在装料、卸料或修整。

　　罩式退火炉的优点是结构紧凑、单炉投资少、气密性好、退火后成品表面光亮，缺点是退火周期长、上下卷及内外圈性能不均匀、占地面积大、装出料难以自动化。

5.4.3　带钢连续退火炉

　　连续退火炉主要用于冷轧带钢的连续退火处理。由于罩式炉的退火周期长、质量不均匀，不能满足某些钢种热处理的要求，如不锈钢带、硅钢带的热处理，同时连续式轧机的发展对热处理也提出连续化要求。因此，牵引式连续退火装置得到了迅速发展。

　　牵引式钢带连续热处理炉分为两种类型，即卧式和立式的。卧式热处理炉又分为直通式和折叠式，立式热处理炉分为单程式和塔式。

　　图 5-49 所示为不锈钢带的连续热处理炉，称为悬索式炉，也称水平牵引式炉。炉子分成加热室和冷却室两部分。钢带在加热室加热到所需温度并保温一定时间后进入冷却室，用喷水或空气等冷却。钢带呈悬索状通过炉子，在进出口处有石棉辊托着钢带。如果炉子产量很大，可以把炉子分成预热段、加热段、均热段，温度也分段控制。

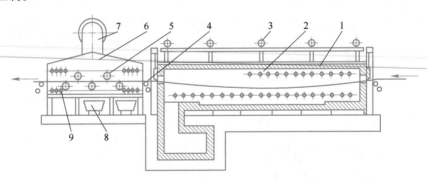

图 5-49　不锈钢带热处理用悬索式炉

1—加热室；2—燃烧器；3—炉顶托辊；4—炉外石棉辊；5—保护辊；6—冷却室；
7—排气管；8—铁皮车；9—喷头

　　图 5-50 所示为一个塔式连续退火炉。钢带在冷轧以后经过电解清洗，直接连续地通过退火炉，加热到约 700 ℃时很快完成再结晶过程，之后先缓冷再急冷，急冷是为了提高钢板的表面硬度。整个操作过程成一条连续的流水线，加热冷却都在保护气氛下进行。在退火炉的前面有一套松卷、碱洗、电解清洗、冲洗、烘干装置和若干张力辊，在退火炉后面还有一套检验、剪切、卷取装置，全部作业都是连续的，钢带通过炉子的速度为 305~570 m/min，国外有高达 850 m/min 以上的。这些基本都用辐射管加热，能耗比电加热低。在冷却带用空气管或水管冷却，缓冷带还要用电热供给部分热量，保证钢带以较低速度冷却，冷却至 300~500 ℃时进入急冷带，

图 5-50　带热处理用塔式连续退火炉
1—加热带；2—均热带；3—控制冷却器；4—快速冷却带；5—吹洗

最后出炉温度为 50~60 ℃。热处理的总时间不应超过 10 min，否则由于炉子过长，而使金属的传送发生困难。为了保证钢带光亮，各带都通有保护性气体。塔式炉产量高，适合处理品种单一产量大的薄带钢。

连续退火炉与罩式炉相比有一系列特点：（1）设备造价低，占地面积小；（2）退火周期短，机组产量高，热利用率高；（3）操作简单，容易维护，易于实现生产的自动化；（4）产品质量好，表面光亮，缺陷少，钢带容易平整；（5）省去中间酸洗工序，消除了盐酸酸雾的污染。其缺点是产品规格单一，只适应一定厚度和宽度范围的钢带。

5.5　连续加热炉的主要技术经济指标

5.5.1　加热炉的生产率

单位时间内加热出来的温度达到工艺要求的坯料的产量称为炉子的生产率，可用 t/h、kg/h、t/d 表示。

不同的炉子炉底布料面积不同，生产率也不一样。为了比较不同炉子的生产率，采用单位生产率。对连续加热炉和大多数室状炉，单位生产率是指每平方米炉底布料面积每小时的产量，也称钢压炉底强度或炉底强度，单位是 kg/(m² · h)。已知小时产量和炉底布料面积，可采用式（5-3）计算：

$$P = \frac{1000G}{nlL} \tag{5-3}$$

式中，G 为炉子的小时产量，t/h；n 为炉膛内坯料的排数；l 为坯料的长度，m；L 为炉子的有效长度，m。

由于加热炉为轧机服务，故轧机的产量就是加热炉的总产量，但设计加热炉时应使设计产量稍大于轧机产量，避免出现因加热炉不能及时供给热坯的待热现象，表 5-1 所示为一些轧钢加热炉的炉底强度参考数据。

表 5-1　炉底强度的参考数据

轧机类别	炉型特征	加热钢坯的断面尺寸/mm	炉底强度/$(kg \cdot m^{-2} \cdot h^{-1})$
小型及线材轧机	单面加热两段连续加热炉	$(45 \times 45) \sim (75 \times 75)$	$300 \sim 500$
小型及线材轧机	双面加热两段连续加热炉	$(60 \times 60) \sim (100 \times 100)$	$500 \sim 700$
中型轧机	两段或三段推钢式加热炉	$(120 \times 120) \sim (180 \times 180)$	$550 \sim 650$
大型轧机	三段推钢式连续加热炉	$(120 \times 120) \sim (210 \times 210)$	$550 \sim 650$
大型轧机	多点供热推钢式加热炉	$(120 \times 120) \sim (210 \times 210)$	$650 \sim 800$
中厚板及连轧机	三段推钢式加热炉	厚 $160 \sim 240$	$550 \sim 600$
中厚板及连轧机	多点供热推钢式加热炉	厚 $160 \sim 240$	$700 \sim 850$
薄板连轧机	上加热步进式炉	厚 $32 \sim 72$	$380 \sim 580$
叠板轧机	链式加热炉	厚 $7 \sim 16$	$370 \sim 560$
锻锤或水压机	台车式炉		$150 \sim 250$
锻锤	小型室状加热炉		$250 \sim 350$
锻锤	环形加热炉	$\phi 50 \sim 150$	$130 \sim 270$

5.5.2　加热炉的燃料消耗

　　燃料消耗是评价炉子的重要指标,一般采用单位燃料消耗量,即加热单位质量的产品所消耗的燃料量,使用气体燃料时,单位为 m^3/t,使用固体或液体燃料时,单位为 kg/t。一些常见加热炉的燃耗指标见表5-2。

表 5-2　常见加热炉的燃耗指标

炉　型		单位燃耗/$(kJ \cdot kg^{-1})$	炉底强度/$(kg \cdot m^{-2} \cdot h^{-1})$
均热炉	冷锭	$1670 \sim 3350$	
	热锭	$670 \sim 1000$	
连续加热炉	燃煤	$2340 \sim 3520$	
	燃油	$2510 \sim 3350$	
	燃气	$1670 \sim 2300$	
环形炉	轮箍加热	$2930 \sim 3260$	
步进式炉(单面加热)	小型板坯	$1670 \sim 2240$	
步进式炉(双面加热)	连轧板坯	$2100 \sim 2300$	
辊底式炉	淬火	$3630 \sim 4810$	$(52 \sim 124) \times 10^4$
罩式退火炉	中厚板	$1670 \sim 2100$	
	带钢卷	$840 \sim 1050$	
室状加热炉	锻件加热	$4600 \sim 5440$	$(84 \sim 136) \times 10^4$
缝式加热炉	锻件加热	$5020 \sim 5860$	$(146 \sim 188) \times 10^4$
台车式炉	锻件加热	$5020 \sim 5860$	$(84 \sim 134) \times 10^4$
	退火	$2930 \sim 3770$	$(31 \sim 84) \times 10^4$

5.5.3 加热炉的热效率

炉子的热效率是指加热金属所消耗的有效热占供给炉子总热量的百分比，即：

$$\eta = \frac{\text{加热金属所需的热量 } Q'}{\text{燃料燃烧释放的化学热 } Q} \times 100\% \qquad (5\text{-}4)$$

一般加热炉的热效率波动范围见表 5-3。

表 5-3　一般加热炉的热效率波动范围

炉　型	热效率/%
均热炉	30~40
连续加热炉	30~50
室状加热炉	20~30
热处理炉	5~20

5.6　加热炉节能技术

轧钢加热炉的能源消耗约占冶金行业能源消耗的 10%，提高加热炉效率、搞好加热炉节能工作，是降低轧钢生产成本，实现钢铁企业可持续发展的有效方法之一。加热炉的节能工作应着重从以下几个方面考虑。

加热炉节能
技术（视频）

5.6.1 合理的炉型结构

炉型结构是加热炉节能的先天条件，因此在加热炉新建时应该尽量考虑到加热炉节能的需要。炉型结构的新建或改造，要使燃料燃烧尽可能多地在炉膛内发生，减少出炉膛的烟气热损失；要尽可能多地将烟气余热回收到炉膛中，提高炉子的燃料利用系数；尽量减少炉膛各项热损失，提高炉子热效率。

（1）采用先进炉型。实践表明，与传统推钢式加热炉相比步进式加热炉有很多优点：1）由于钢坯之间留有间隙，因此钢坯四面受热，加热质量好、钢材加热温度均匀；2）加热速度快，钢坯在炉内停留时间短，有利于降低钢坯的氧化烧损，有利于易脱碳钢种对脱碳层深度的控制；3）操作灵活，可前进、后退或踏步，可改变装料间距，控制炉子产量；4）生产能力大，炉子不受钢坯厚度和形状控制，不会拱炉；5）便于连铸坯热装料的生产协调。因此，在选择炉型时尽量采用先进的炉型。

（2）适当增加炉体长度。炉体长度由总加热能力决定，但是为了降低燃耗，提高热利用率，可以适当增加炉体长度。炉体短时，高温烟气得不到充分利用，废气带走大量热能从烟道跑掉。因此适当延长炉体可使炉底强度降低，提高热效率。一般来说，炉子每延长 1 m，可使钢坯温度上升 25~30 ℃，排烟温度下降约 30 ℃，单位热耗减少 1.5~1.8 kJ/kg。增加炉体长度主要是延长预热段，降低排烟温度。

（3）减少炉膛空间。炉膛各段高度与长度对炉内的传热有很大影响，直接影响炉子加热和燃料利用，在考虑炉膛高度时，既要保证燃料充分燃烧，又要使炉气充满炉膛。

(4) 设置炉内隔墙。炉内隔墙可以起到稳定炉压、控制炉气流动、控制炉温、减少烟气外溢、降低排烟温度和减少炉头吸冷等作用。因此根据实际情况在炉头、炉尾及各段之间增加隔墙，对炉子节能降耗有明显效果。

5.6.2 减少炉膛热损失

炉膛热损失主要包括水冷、炉门辐射、逸气、炉衬散热等。减少这部分热量可以大幅度降低燃耗。

(1) 减少炉底水管的热损失。为了减少炉子冷却水带走的热量，通常的措施有对水冷管进行绝热包扎、采用汽化冷却代替水冷却、采用无水冷滑轨。

(2) 加强炉体绝热，减少炉体的散热和蓄热。减少炉体散热的主要措施是实行炉墙绝热。采用轻质耐火材料和各种绝热保温材料或加厚炉墙，以减少炉墙的传导传热损失。其次，还可以采用在砌好的炉墙内壁涂上一层远红外涂料，增加炉子内壁在热交换中的辐射作用。另外，应经常检查炉体密封，炉体的密封直接关系到加热能耗、产量和质量。

(3) 减少孔洞的逸气和辐射。在炉子上除了必要的开孔外，应尽可能减少孔洞的设置，以减少辐射和逸气量造成的热损失。要注意炉子的密封，控制炉压呈微正压水平，防止冷空气吸入炉膛，防止增加炉气量降低燃烧温度。

5.6.3 烟气余热回收利用

(1) 减少废气从炉膛带走的热量。连续加热炉中废气带走的热量占总热损失的很大部分。选择合理的空气消耗系数，合理地控制废气出炉温度。

(2) 换热器的应用及选择。换热器是回收烟气余热的一种高效节能设备。轧钢加热炉采用烟气余热换热器，可将烟气中 60%~70% 的余热进行回收利用，缩短加热时间，节约燃料消耗 20%~30%，提高炉子产量 15%~30%。换热器种类很多，除已淘汰的老式陶土换热器外，新型金属换热器有片状管式换热器、管状插入件式换热器、喷流换热器等。

(3) 回收废气，预热空气、煤气和钢料。利用炉膛排出的废气所携带的热量，预热空气与煤气，是降低燃料消耗提高热利用率的重要途径。

(4) 采用蓄热式燃烧技术。蓄热式燃烧技术由于热效率可达 85%，余热回收率达到 70%，因此可大大提高加热炉的热效率。

5.6.4 加强炉子的热工管理与调度

炉子燃耗高及热效率低有时不是技术方面的原因，而是管理与调度不善造成的。因此，应使炉子保持在额定产量下均衡操作，并实现各项热工参数的最佳控制。

5.6.5 采用自动控制装置

现代化轧钢加热炉的发展要与轧机的发展相适应，应逐渐采用计算机以实现操作与控制的自动化。加热炉自动控制包括炉温控制、燃烧控制以及输送钢料的机械控制等。炉温和燃料燃烧的控制包括炉温控制、燃料流量控制、空气和燃料比控制、炉压控制以及保护换热器的控制等。

5.6.6 实行钢坯的热送热装及低温轧制技术

连铸坯热送热装是指铸坯在 400 ℃ 以上送入加热炉。而铸坯温度在 650～1000 ℃ 时送入加热炉，节能效果最好。相对连铸冷装工艺而言，采用一般热送热装可节能 35%，采用直接热送热装可节能 65%，再采用直接轧制工艺可节能 70%～80%。采用热送热装的好处还有加热炉产量可提高 20%～30%，金属收得率可提高 0.5%～1.0%，缩短生产周期 80% 以上，降低建设投资和生产成本，同时可改进产品质量，提高成材率 0.5%～1.5%。

低温轧制技术是降低轧钢工序能耗的重要节能措施。降低加热炉出钢温度，可减少加热过程的燃料消耗，减少坯料烧损。采用低温轧制可缓解轧制过程中轧辊温度变化，减少因热应力引起的轧辊消耗。降低轧制温度，可以减少轧制过程中二次氧化铁皮的生成量，降低轧辊磨损量，从而降低辊耗。

 **延伸阅读**

祖国哪里需要我，就到哪里去——陈学俊

陈学俊（1919—2017），安徽滁州人。热能动力工程学家，1980 年当选为中国科学院院士（学部委员）。1946 年获美国普渡大学机械工程硕士学位。历任交通大学教授、锅炉教研室主任、动力机械系副主任、西安交通大学副校长、西安交通大学工程热物理研究所所长、动力工程多相流国家重点实验室主任。曾任中国动力工程学会常务理事、中国核学会常务理事、中国工程热物理学会理事长。当选陕西省人大常委会副主任、中国人民政治协商会议常委会常务委员。

他致力于锅炉专业、热能工程学科发展。他在国内第一个创办动力机械系锅炉制造专业，主持创建了中国唯一的压力可达超临界压力的汽水两相流实验系统，筹建了我国第一个工程热物理研究所。他主要研究集中在汽水两相流流型、流型的转换、沸腾传热及两相流不稳定性，得出一系列新概念及理论模型；出色地进行有应用前景的基础研究和应用研究以解决动力工程及核反应堆工程安全问题等工程实际问题。曾获国家自然科学奖、国家科学技术进步奖、何梁何利基金科学与技术进步奖、国家教委科技进步奖等。

陈学俊的一生做出过很多次重大选择，每一次选择，他都总是把根深深扎在祖国需要的地方，奉献一片赤诚之心。

新中国成立前后，他编著了我国动力工程的成套书籍，陆续出版了《燃气轮机》《实用汽轮机学》《蒸汽动力厂》《锅炉学》《锅炉整体》《锅内过程》等 14 部专著及教材，其中《燃气轮机》一书是国内第一本燃气轮机专著，而且当时在国际上也很少见。1985 年瑞士苏黎世高等工业大学气动力学专家苏特，看到一本 20 世纪 40 年代出版的陈学俊专著后大为惊奇，连声称赞："你是燃气轮机方面的先驱者！"

1955 年，国务院决定交通大学迁往西安。陈学俊坚决拥护交通大学全部迁往西安，他认为：交通大学迁校问题的正确处理和实施，不仅是交通大学一所学校的问题，还直接关系到院系调整和沿海支援内地，关系到整个国家的发展战略布局。在多次讨论迁校问题的大会上，陈学俊带头表态拥护交通大学西迁。他把满腔热情投入迁校的动员工作中，在时任动力系主任朱麟五教授和他的共同努力下，动力机械系成为全校唯一全迁西安的系。

1957 年 9 月，陈学俊夫妇带着四个孩子乘坐第一批专列由上海前往西安，临行前，他将上海的两间位于牯岭路（国际饭店后面）的房子交给了上海市房管部门。他认为："既然去西安扎根西北黄土地，就不要再为房子而有所牵挂，钱是身外之物，不值得去计较。"

迁校初期条件艰苦，校园选址是一片荒郊野地。教职工开会是坐在四面透风的草棚大礼堂里，冬天的大教室仅靠一个小炉子防寒。野草丛中兔子乱跑，入夜闭门可听狼叫。陈学俊和迁校先驱们克服了水土不服、缺少水产品、大米、蔬果等生活难题，共同建设出一个堪称当时全国一流的崭新校园。

1960 年，当原任动力系主任回上海时，陈学俊就接任了系主任工作。当时国家有政策规定：在西安工作几年后可回上海工作，但陈学俊却牢牢扎根在大西北。在中西部工业方兴未艾强劲发展的情势下，陈学俊带领的动力系，成为国家高教系统最具学术影响力的系。20 世纪 70 年代末，他创建了国内第一个工程热物理研究所，90 年代初又创立了国内唯一的动力工程多相流国家重点实验室，该实验室成为中国最大的多相流热物理学科的人才培养基地。在他的多年努力下，实验室形成了一支知识和年龄结构合理、实力雄厚的研究队伍，先后承担各类科研项目 1700 余项，其中国家高技术研究发展计划项目 35 项，国家重点基础研究发展计划课题 35 项。相关研究成果产生的直接经济效益达数十亿元人民币，在我国能源、动力、石油、化工及环境等行业的科技进步中发挥着巨大的作用。

参 考 文 献

[1]　郭宝山，孙靖雅．传热学基础［M］．北京：北京理工大学出版社，2023.
[2]　邬田华，王晓墨，许国良．工程传热学［M］.2 版．武汉：华中科技大学出版社，2020.
[3]　陶文铨．传热学［M］.5 版．北京：高等教育出版社，2019.
[4]　杨世铭．传热学［M］．北京：人民教育出版社，1980.
[5]　齐素慈，李建朝，戚翠芬．冶金炉热工基础［M］．北京：冶金工业出版社，2023.
[6]　栾贻民．步进梁式加热炉入门与提高［M］．北京：冶金工业出版社，2020.
[7]　井玉安，宋仁伯．材料成型过程传热原理与设备［M］．北京：冶金工业出版社，2012.
[8]　戚翠芬，张树海，张志旺．轧钢加热技术［M］．北京：冶金工业出版社，2021.
[9]　包丽明，吕国成．冶金热工基础［M］．北京：冶金工业出版社，2017.
[10]　陈伟鹏．轧钢加热炉课程设计实例［M］．北京：冶金工业出版社，2015.
[11]　栾贻民．蓄热式步进梁式棒线加热炉工程设计及建设经典案例图解［M］．北京：科学技术
　　　文献出版社，2016.
[12]　王秉铨．工业炉设计手册［M］.3 版．北京：机械工业出版社，2010.
[13]　王晓丽．加热炉操作与控制［M］．北京：冶金工业出版社，2016.
[14]　乔非，祝军，李莉．钢铁企业能源管理模型与系统节能技术［M］．上海：同济大学出版
　　　社，2016.
[15]　王冠，安登飞，庄剑恒，等．工业炉窑节能减排技术［M］．北京：化学工业出版社，2015.
[16]　全国耐火材料标准化技术委员会．耐火材料标准汇编［M］.6 版．北京：中国标准出版
　　　社，2015.
[17]　武文斐，陈伟鹏，刘中强，等．冶金加热炉设计与实例［M］．北京：化学工业出版
　　　社，2008.
[18]　刘祎炜．步进式加热炉钢坯加热特性研究［D］．天津：河北工业大学，2017.
[19]　肖扬．步进式加热炉炉温控制系统设计［D］．哈尔滨：哈尔滨工业大学，2015.
[20]　景婧．步进式加热炉装钢动态定位系统［J］．机械工程与自动化，2022（4）：209-211.
[21]　于泽通，汪建新，吴启明，等．步进式加热炉炉底机械常见故障原因分析及对策［J］．工业
　　　加热，2022，51（7）：46-50.
[22]　侯长连，王贵宾，张军．国丰连铸连轧生产线步进式加热炉的特点［J］．轧钢，2008，
　　　25（2）：26-27.
[23]　姚鸿波，罗应义．步进式加热炉势能回收技术应用［J］．南方金属，2022（4）：47-48.
[24]　张永全，李鹏．智能控制在轧钢加热炉上的节能应用［J］．工业炉，2021，43（3）：38-41.
[25]　贾琳芳，李敬，胡许磊，等．推钢式加热炉耐热滑块的研究［J］．河南冶金，2023，
　　　31（3）：11-13.
[26]　万焱，贾占军，尹宏．推钢式板坯加热炉炉底水梁节能改造实践［J］．宽厚板，2017，
　　　23（1）：25-27，34.
[27]　袁严浩翰，徐杰，郭荃，等．推钢式两段连续加热炉设计［J］．低碳世界，2020，10（4）：
　　　1-3.
[28]　张庆峰，蔺继东，王海燕．蓄热式加热炉热平衡分析与应用［J］．包钢科技，2023，
　　　49（6）：85-88.
[29]　王子兵，李世成，邢宏伟，等．蓄热式加热炉烟气反吹系统的设计与应用［J］．中国冶金，
　　　2019，29（11）：82-86.
[30]　杨秋彦．西宁特钢 750 开坯生产线均热炉改造设计［J］．包钢科技，2016，42（1）：1-4.
[31]　韩奇生，薛鸿雁，李彩霞，等．环形加热炉烘炉过程炉底浇注料爆裂原因及解决措施［J］.

工业炉，2021，43（2）：59-63.

[32] 蔺俐枝，孙明亮，王吉．环形加热炉的设计［J］．包钢科技，2008，34（2）：53-55.

[33] 曾晓龙，沈维民，王赛辉．环形加热炉节能技术的研究［J］．冶金材料与冶金工程，2007，35（5）：27-29.

[34] 张尧，王善宝，韩久富，等．环形加热炉坯料烧损分析与控制［C］//2020 年全国钢管生产技术交流会暨油井管品种开发·智能制造高端论坛，2020.

[35] 罗磊，程治培．大型环形加热炉的设计［J］．四川冶金，2014（5）：38-40.

[36] 冀勇．强对流不锈钢盘圆罩式炉的设计优化及应用［J］．节能，2020，39（4）：116-119.

[37] 刘颖．冷轧带钢全氢罩式炉退火工艺制度分析［J］．山西冶金，2022，45（1）：241-243.

[38] 王帅，毕仕辉，高铸．罩式炉加热罩改进设计简析［J］．冶金能源，2020，39（4）：30-32.

[39] 潘妮，王婷．超大直径盘圆罩式退火炉的设计与应用［J］．工业炉，2015（5）：20-24.

[40] 张勇，张晓岳．罩式退火炉底部对流盘设计优化［J］．钢铁，2018，53（9）：80-86.

[41] 徐建辉．柳钢冷轧罩式退火炉技术改造［J］．轧钢，2020，37（1）：59-60.

[42] 王文戈．耐热滑轨在推钢式加热炉上的应用［J］．轧钢，2001，18（4）：65-67.

[43] 曲元艇，薛鸿雁．浅析环形加热炉炉衬结构形式［J］．工业炉，2002，24（1）：40-42.

[44] 宋立华，张建新．浅谈冷轧硅钢连续退火炉的设计及应用探讨［J］．中文科技期刊数据库（引文版）工程技术，2021（2）：126，128.

[45] 郭坛．浅谈冷轧硅钢连续退火炉的设计及应用［J］．工业炉，2017（5）：53-55.

[46] 黄媛媛．立式连续退火炉的炉辊设计［J］．工业炉，2024，46（2）：28-32.

[47] 黎志明，李春明，秦凤华，等．冷轧不锈钢连续退火炉加热工艺分析及系统设计［J］．金属热处理，2021，46（3）：191-196.

[48] 舒军．辊底式热处理炉自动控制系统的设计与应用分析［J］．冶金与材料，2019，39（4）：102-103.

[49] 刘卓伦，呼启同，窦伟．常化热处理生产线辊底炉的设计特点［J］．工业炉，2016，38（3）：58-59，64.

[50] 贾琳芳，李敬，胡许磊，等．推钢式加热炉耐热滑块的研究［J］．河南冶金，2023，31（3）：11-13，23.

[51] 吕以清，孙玮，侯卫军．新型全热滑轨的研制与应用［J］．钢铁，2002，37：570-573.

[52] 宋庆彬．蓄热式烧嘴在大型加热炉上的应用［J］．节能，2001（4）：25-27.

[53] 黄细阳．轧钢加热炉全无水冷滑轨综合使用性能的研究与实践［D］．北京：北京科技大学，2010.

[54] 郭烨城，陆万合．热轧中厚板加热炉炉底机械的改造与安装［J］．中文科技期刊数据库（引文版）工程技术，2024（3）：66-69.

[55] 陈剑．热轧中厚板加热炉炉底机械的改造与安装实践［J］．中国机械，2023（24）：92-95.

[56] 刘捷，蒋士博．环形加热炉炉底驱动系统问题分析及改造设计［J］．液压与气动，2012（8）：78-80.

[57] 陈良．对加热炉炉顶耐火可塑料施工方法的探索［J］．四川建筑，2017，37（1）：173-174.

[58] 靳继宝，严云福．浅析轧钢加热炉炉顶隔墙［J］．工业 B，2015（46）：102.

[59] 王云．降低轧钢加热炉氧化烧损率的工艺实践［J］．工业加热，2023，52（1）：9-13.

[60] 吕以清．蓄热式燃烧技术在轧钢连续加热炉应用的合理性与适用性（上）［J］．工业炉，2007，29（1）：25-28.

[61] 吕以清．蓄热式燃烧技术在轧钢连续加热炉应用的合理性与适用性（下）［J］．工业炉，2007，29（2）：17-20.

[62] 魏秀东，吴优，徐小科，等．降低加热炉氧化烧损实践［J］．鞍钢技术，2020（6）：61-64.

[63] 崔新华．轧钢加热炉钢坯氧化烧损分析［J］．工业炉，2020，42（1）：30-32.

［64］张爽，王宏霞．Q235B 钢过热过烧温度探索试验［J］．金属热处理，2011（12）：34-38.

［65］魏明刚，罗恒军，张海成，等．300M 钢的脱碳行为演化及防护研究［J］．四川大学学报（自然科学版），2021，58（6）：143-149.

［66］许成，杨玉，王润琦，等．空气气氛条件下加热温度对 45 钢脱碳层深度的影响［J］．金属热处理，2024，49（4）：219-222.

［67］陈波，魏焕君，耿志宇，等．热成形钢的脱碳影响因素分析［J］．金属热处理，2021，46（2）：161-167.

［68］黄作为，刘铁男．步进式加热炉的设计［J］．工业加热，2005，34（4）：34-36.

［69］雍海泉，陶曙明．均热炉采用蓄热燃烧技术的节能分析及应用［J］．工业加热，2009，38（4）：53-57.

［70］孙丽萍，吴道洪．HTAC 蓄热式技术在武钢大型厂加热炉的应用与探索［J］．钢铁，2004，39（10）：72-78.

［71］王世东，杨生田，刘占全．加热炉汽化冷却系统安全运行控制［J］．冶金设备管理与维修，2022，40（1）：12-14.

［72］杨成文，齐春生，杨永波，等．步进梁式加热炉汽化冷却技术的研究［J］．北方钒钛，2017（1）：49-51.

［73］贾定．加热炉汽化冷却的控制［J］．钢铁技术，2016（3）：12-17.

［74］庞晓梅，孙斌，吴敏．蓄热式燃烧技术在步进式加热炉上的应用［J］．山东冶金，2005，27（2）：21-23.

［75］张修宁．蓄热式燃烧技术在重钢热连轧加热炉的应用［J］．重庆钢铁装备与工艺技术，2020（2）：22-26.

［76］李新军．蓄热式燃烧技术在大型轧钢生产中的应用研究［J］．世界有色金属，2017（1）：25，27.

［77］陈迪安，苗为人，程杨，等．高效蓄热式燃烧技术在迁钢加热炉上的应用［J］．冶金能源，2015，34（2）：32-34，60.

［78］刘学民，王泽举，苗为人，等．步进式加热炉常规燃烧和蓄热式燃烧技术应用比较［J］．工业炉，2015（5）：16-19.

［79］杨庆余，彭长德．詹姆斯·霍普伍德·金斯——学术研究与教学研究完美结合的典范［J］．大学物理，2018，37（9）：41-45.

［80］乐道也．无锡名人｜我国传热学开拓者杨世铭的传奇人生［Z/OL］．［2021-05-01］．https：//weibo. com/ttarticle/p/show? id=2309634792632290443696.

［81］中央大学南京校友会．南雍骊珠：中央大学名师传略［M］．南京：南京大学出版社，2004.

［82］孙媛媛．王补宣：初心化春风　"热"情燃一生［J］．小康，2023，516（7）：20-21.

［83］穆瑶，付馨冉．News·微党课｜家国栋梁：王补宣——工程热物理学科奠基人［Z/OL］．［2019-09-06］．https：//www. sohu. com/a/339292173_307806.

［84］刘昱含，张行勇．陈学俊院士：工程强国梦　一世西部情［Z/OL］．［2017-07-07］．https：//news. sciencenet. cn/htmlnews/2017/7/381695. shtm? from=groupmessage&isappinstalled=1.

［85］爱国奋斗．西迁新传人｜陶文铨院士团队：传热学前沿的"中国身影"［Z/OL］．［2018-10-15］．https：//mp. weixin. qq. com//s? _biz = MjM5NzUxNjUyMQ == &mid = 2650298579&idx =2&sn=33afcfe961599ee149fa16d5ea60b364&chksm=bed43d5589a3b4433e9e8865adf5e21a08371d95afea283647b87f08f49d1045bd44829f689a&scene=27.